工程实践训练系列教材(课程思政与劳动教育版)

工业机器人自动制造及数字化仿真技术实践

程 毅 骆 彬 吕 冰 主编

西北工業大學出版社
西 安

【内容简介】 本书是一本讲解工业机器人技术及其在工业制造领域中的应用的教材，全书由三部分组成：上篇为基于工业机器人的装配技术基础，中篇为基于 DELMIA 软件的工业机器人运动建模及仿真技术，下篇为工业机器人装配技术的高阶应用。

本书采用理论与实践相结合的方式进行教学，适合机器人、智能制造等专业初学者增进对工业机器人技术、机器人仿真技术的了解，以促进工业机器人在制造领域中的应用。

图书在版编目(CIP)数据

工业机器人自动制造及数字化仿真技术实践 / 程毅，骆彬，吕冰主编. —西安：西北工业大学出版社，2023.8

ISBN 978-7-5612-8900-6

Ⅰ.①工… Ⅱ.①程… ②骆… ③吕… Ⅲ.①工业机器人-计算机仿真 Ⅳ.①TP242.2

中国国家版本馆 CIP 数据核字(2023)第 162824 号

GONGYE JIQIREN ZIDONG ZHIZAO JI SHUZIHUA FANGZHEN JISHU SHIJIAN

工业机器人自动制造及数字化仿真技术实践

程毅　骆彬　吕冰　主编

责任编辑：高茸茸　　**策划编辑**：杨　军

责任校对：朱晓娟　董珊珊　　**装帧设计**：董晓伟

出版发行：西北工业大学出版社

通信地址：西安市友谊西路 127 号　　邮编：710072

电　　话：(029)88491757，88493844

网　　址：www.nwpup.com

印 刷 者：西安五星印刷有限公司

开　　本：787 mm×1 092 mm　1/16

印　　张：10.625

字　　数：279 千字

版　　次：2023 年 8 月第 1 版　　2023 年 8 月第 1 次印刷

书　　号：ISBN 978-7-5612-8900-6

定　　价：39.00 元

如有印装问题请与出版社联系调换

工程实践训练系列教材
（课程思政与劳动教育版）
编　委　会

总 主 编　蒋建军　梁育科

顾问委员　（按照姓氏笔画排序）

王永欣　史仪凯　齐乐华　段哲民　葛文杰

编写委员　（按照姓氏笔画排序）

马　越　王伟平　王伯民　田卫军　吕　冰

张玉洁　郝思思　傅　莉

前　　言

机器人被誉为“制造业皇冠顶端的明珠”，其研发、制造、应用是衡量一个国家科技创新和高端制造业水平的重要标志。工业机器人作为直接支撑智能制造的高端装备，已经成为我国加快推进制造强国建设步伐的重要支柱。现阶段，工业机器人大量应用于汽车、航空航天、轨道交通等领域，承担搬运、焊接、制孔等装配工作。上述基于工业机器人的装配作业的基础是其运动仿真，通过仿真优化能够避免实际生产中的碰撞、干涉等问题，并提升装配精度和效率。因此，本书开展基于工业机器人的装配技术及其运动仿真实践的介绍。

本书采用理论与实践相结合的方式，对机械原理、机器人运动学、机器人装配技术等进行分析。全书分为三部分：上篇主要介绍基于工业机器人的装配技术基础，包括3章内容。第1章简述工业机器人的定义及其分类，并对国内外工业机器人产业的发展进行概述。第2章主要介绍工业机器人的核心零部件、坐标系、技术参数等基础知识，并在此基础上，开展机器人运动学建模及分析，加深读者对机器人运动的理解，为之后机器人运动仿真奠定理论基础。第3章从航空航天制造、汽车/轨道交通制造、电子制造、精密仪器加工等多个方面介绍工业机器人在产品装配中的应用。中篇主要介绍基于DELMIA软件的工业机器人运动建模及仿真技术，包括4章内容。第4章主要对DELMIA软件进行介绍，并结合其在各领域中的应用对其各个模块的作用进行分析，使读者熟悉DELMIA软件的功能。第5章是DELMIA软件机器人仿真的前期准备工作，主要介绍软件工作界面和虚拟仿真环境设置方法。第6章对机器人装配系统中的各类设备进行运动学建模，并结合机械原理相关知识，采用由简入繁的形式进行分析，依次对简单机构、机器人、末端执行器、工装等进行运动学建模。第7章以基于机器人的焊接系统为核心开展其运动学建模仿真的详细介绍，之后对机器人外部轴、机器人搬运、机器人弧焊等其他仿真内容进行介绍。下篇主要介绍工业机器人装配技术的高阶应用，包括2章内容。第8章主要对机器人仿真后的离线程序生成进行介绍。第9章以航空中常用的机器人制孔系统为例，对机器人集成控制方法及其应用进行分析。

本书第1章～第3章由骆彬编写，第4章～第8章由程毅编写，第9章由吕冰编写，全书由程毅负责统稿。

在编写本书的过程中参阅了相关文献及互联网中一些仿真模型，在此对其作者表示衷心的感谢。

限于笔者水平，书中若有不足之处，恳请读者批评指正。

编　者

2023年1月

目　　录

上篇　基于工业机器人的装配技术基础

中篇　基于DELMIA软件的工业机器人运动建模及仿真技术

下篇 工业机器人装配技术的高阶应用

上　篇

基于工业机器人的装配技术基础

第1章　工业机器人概述

1.1　工业机器人的定义

在我国由工业大国向工业强国方向发展的背景下，工业生产领域也进行着产业转型升级调整。工业机器人作为先进制造业中不可替代的重要装备，其技术附加值高、应用范围广，已逐渐成为我国先进制造业的重要支撑技术和重要生产装备，对未来生产和社会发展及增强军事国防实力都具有十分重要的意义，是未来重要的战略性新兴产业。

工业机器人研发涉及机械工程学、材料学、电子电气工程学、微电子工程学、计算机科学、控制工程学、声学、仿生学、信息传感器、人工智能、人机交互等众多学科和领域，是一项具有较强的自动性及智能化潜质的新兴技术。工业机器人与传统的工业设备相比，具有生产效率高、加工精度高、柔性化程度高等优点，尤其适用于高危环境以及生产负荷较大的工业生产。

国际上对工业机器人的定义主要有以下两类：

(1) 国际机器人联合会(International Federation of Robotics，IFR)认为机器人是一种半自主或全自主工作的机器，它能完成有益于人类的工作，并将应用于生产过程的机器人称为工业机器人。

(2)国际标准化组织(International Organization for Standardization，ISO)对机器人的定义为“机器人是一种自动的、位置可控的、具有编程能力的多功能机械手，这种机械手具有几个轴，能够借助于可编程序操作处理各种材料、零件、工具和专用装置，以执行各种任务”。

按照ISO的定义，工业机器人是面向工业领域的多关节机械手或多自由度机器人，是自动执行工作的机器装置，是靠自身动力和控制能力来实现各种功能的一种机器。它接收人类的指令后，将按照设定的程序执行运动路径和作业。工业机器人的典型应用包括焊接、喷涂、组装、采集和放置(例如包装和码垛等)、产品检测和测试等。

1.2　工业机器人的分类

工业机器人依据其结构形式可以分为多种类型，其中最常见的是直角坐标机器人、圆柱坐标机器人、球坐标机器人以及关节型机器人等。

1.2.1 直角坐标机器人结构

直角坐标机器人在空间中的运动是通过三个相互垂直的直线运动耦合形成的,直角坐标系由三个相互正交的平移坐标轴组成,各个坐标轴间的运动相互独立,如图 1-1 所示。

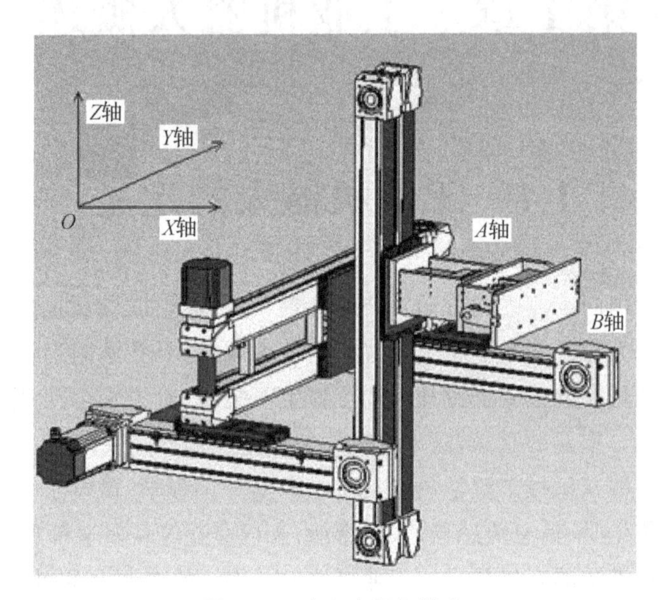

图 1-1 直角坐标机器人

直角坐标机器人的优点在于,各轴的直线运动易于实现全闭环位置控制,使得直角坐标机器人能够达到很高的位置精度,但它也存在明显的缺点,即机器人的运动空间相对于机器人的结构尺寸较小,导致对于相同运动范围,直角坐标机器人的结构尺寸比其他类型机器人的结构尺寸大得多。

直角坐标机器人的工作范围为一个空间立方体,主要有悬臂式、龙门式、天车式等三种结构形式,常用于装配作业和搬运作业。笛卡儿操作臂便属于直角坐标机器人,其应用场景如下:

(1)焊接、搬运、上下料、码垛、检测、探伤、贴标、喷码、喷涂等。

(2)多品种、变批量的柔性化作业,对提高产品质量、生产效率和改善工作环境具有重要作用。

1.2.2 圆柱坐标机器人结构

圆柱坐标机器人的空间运动由一个回转运动和两个直线运动组成,其工作空间是一个圆柱状的空间。圆柱坐标机器人可以看成是由一个立柱以及安装在立柱上的水平臂组成的,其立柱安装在回转座上,水平臂可以自由伸缩以及沿着立柱上下移动,如图 1-2 所示。

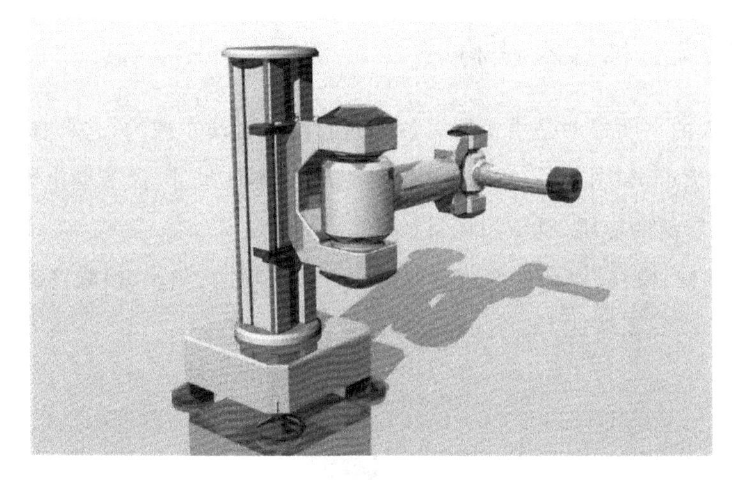

图 1-2　圆柱坐标机器人

圆柱坐标机器人结构简单、精度较高，其直线运动部分可以采用液压驱动，从而提供较大的动力。其缺点在于：手臂可达范围受到限制，不能到达近立柱和近地面空间；直线驱动部分结构密封性较差，需要额外的防尘处理，且易发生碰撞、干涉。

1.2.3　球坐标机器人结构

球坐标机器人的空间运动由两个回转运动和一个直线运动组成，其工作空间类似球形，如图 1-3 所示。球坐标机器人结构简单、覆盖空间较大、成本低，但其坐标系复杂、难以控制、运动精度低，且直线驱动装置存在密封困难的问题，主要用于搬运作业。

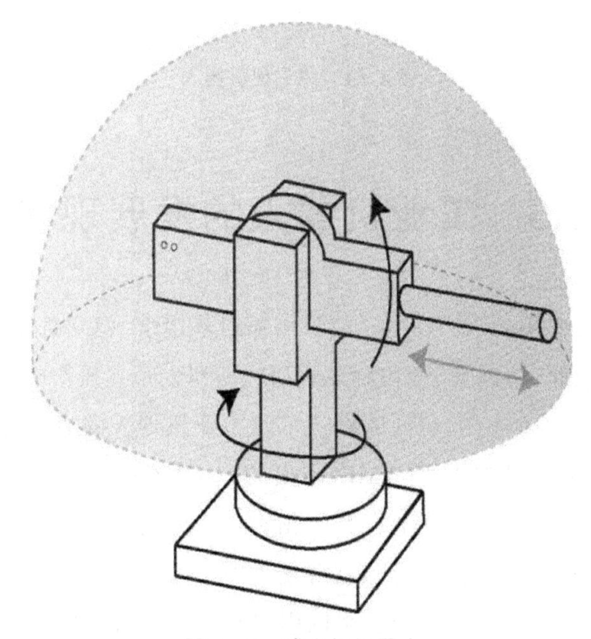

图 1-3　球坐标机器人

1.2.4 关节型机器人结构

关节型机器人的空间运动是由机器人各轴间的回转运动实现的，它具有动作灵活、结构紧凑、占地面积小等优点，如图1-4所示。相对于机器人本体尺寸，关节型机器人的工作空间较大，因此具有较为广泛的应用，其应用场景如下：

(1) 汽车零部件、模具、钣金件等制造业，汽车焊接、喷涂、测量、检测等装配作业。

(2) 航空航天产品零件加工、制孔装配等作业。

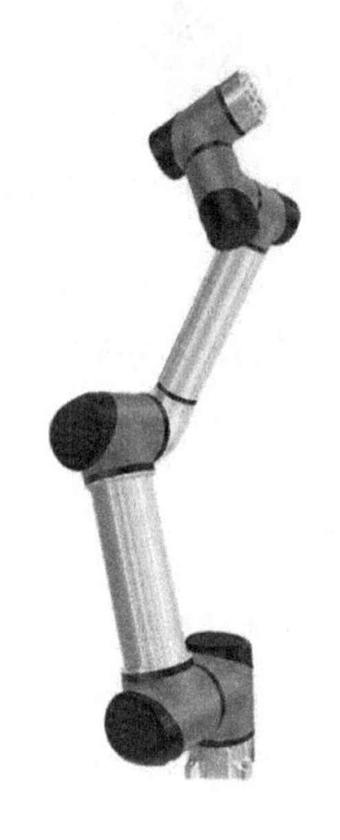

图1-4 关节型机器人

1.3 工业机器人的发展现状

工业机器人最初的应用是因为在原子能等核辐射环境下，亟须机械臂代替人对放射性物质进行操作与处理。因此，1947年，美国阿尔贡研究所研发了遥操作机械手，1948年接着研制了机械式的主从机械手。1954年，美国的戴沃尔对工业机器人的概念进行了定义，并申请了专利。1962年，美国机械与铸造公司(AMF)推出的“UNIMATE”，是工业机器人较早的实用机型，其控制方式与数控机床类似，但在外形上由类似于人的“手”和“臂”组成。1965年，美国麻省理工学院研制了一种具有视觉传感器并能对简单积木进行识别、定位的机器人系统。1967年，日本川崎重工业公司成为首个从美国引进机器人及技术的亚洲公司，机械手研究协会也在日本成立。1970年，第一届国际工业机器人学术会议在美国举行，促进了机器人相关研究的发展。

概括起来,工业机器人的发展历程为3代。

第1代:示教再现机器人。这种机器人不具备反馈能力,机构结构简单,能够实现动作示教再现。

第2代:有感觉的机器人。这种机器人不仅具有内部传感器,而且具有外部传感器,能获得外部环境信息,能够在不规则环境中具有一定的运动能力。

第3代:智能机器人。这种机器人的定义为"可自动控制的装置,能理解指示命令,感知环境,识别对象,规划自身操作程序来完成任务",如实时可适应性的运动规划(RAMP),在复杂动态环境中自动识别来自不同方向的移动或静止的障碍物,主动规划路径,进而完成预定任务。

目前,工业机器人已在各工业领域中得到广泛应用,如毛坯制造(冲压、压铸、锻造等)、机械加工、焊接、热处理、表面涂覆、打磨抛光、上下料、装配、检测及仓库堆垛等。国际工业机器人领域四大标杆企业分别是瑞典ABB、德国库卡(KUKA)、日本发那科(FANUC)和日本安川电机(YASKAWA),它们的工业机器人本体销量占据了全球市场的半壁江山。另外,美国爱德普(Adept),瑞士史陶比尔(Staubli),意大利柯马(Comau),日本川崎(Kawasaki)、爱普生(EPSON),中国新松机器人也是国际工业机器人的重要供应商。

1.3.1 国外工业机器人产业发展现状

根据国际机器人联合会(IFR)数据,世界工业机器人产业发展迅猛,2013—2019年全球工业机器人年均增速为16.7%,2019年全球工业机器人新增38.1万台,总存量已接近270万台。2021年全球工业机器人装机量达51.7万台,2022年达53.1万台,再创历史新高。

对此,世界各国纷纷将突破机器人技术、发展机器人产业摆在本国科技发展的重要战略地位。美国、日本、欧洲部分国家、韩国等国家和地区都非常重视机器人技术与产业的发展,将机器人产业作为战略产业,纷纷制定其机器人国家发展战略规划。

1.美国工业机器人发展计划

美国机器人发展起步较早,其发展思路是立足于机器人核心技术以实现产业化,并提出了相关的工业机器人发展计划。2011年6月,美国总统奥巴马在卡内基梅隆大学讲话中提出了"国家机器人计划",希望振兴美国制造业。接着,美国又提出了"美国机器人发展路线图",围绕制造业攻克工业机器人的强适应性和可重构的装配、仿人灵巧操作、基于模型的集成和供应链的设计、自主导航、非结构化环境的感知、教育训练、机器人与人共事的本质安全性等关键技术开展研究。目前,美国在视觉、触觉等方面的智能化技术已非常先进,高智能、高难度的军用机器人、太空机器人等发展迅速,并应用到了军事、太空探测等领域。

2.日本工业机器人发展计划

日本一直将工业机器人技术列入国家的发展计划和重大项目,不论在技术方面,还是在市场规模方面,日本都称得上是“机器人大国”。日本提出了机器人路线图,包含3个领域,即“新世纪工业机器人”“服务机器人”和“特种机器人”,并明确其性能和技术指标,且提到创建和扩大机器人的早期市场,缩短满足多种需求的机器人的开发时间,降低成本,扩大加入的企业。

3.欧洲工业机器人发展计划

欧盟第七研发框架计划(2007—2013年)投入机器人研究经费达6亿欧元,2013—2020年对机器人研究的经费投入达到140亿欧元,另外还提出了欧洲机器人研究与应用的路线图(2002—2022年)。

4.韩国工业机器人发展计划

韩国工业机器人产业起步较晚,但发展速度较快。韩国于20世纪80年代末开始大力发展工业机器人技术,在政府的资助和引导下,由现代重工集团牵头,用了10年的时间形成了其工业机器人体系,目前韩国的汽车工业大量应用本国的机器人。韩国将机器人与互联网相结合,提出了“839”战略计划,其中智能机器人是其提出的九项核心技术之一。韩国在2003年提出了“十大未来发展动力产业”计划,2004年韩国信息通信部提出了“IT839”计划及“无所不在的机器人伙伴”项目,2009年韩国政府提出了“第一次智能型机器人基本计划”。

1.3.2 我国工业机器人产业发展现状

我国的工业机器人研究开始于20世纪70年代,大体可分为4个阶段,即理论研究阶段、样机研发阶段、示范应用阶段和初步产业化阶段[1]。

前期理论研究开始于20世纪70年代,研究单位分布在国内部分高校,主要从事工业机器人基础理论的研究,在机器人运动学、机构学等方面取得了一定的进展,为后续工业机器人的研究奠定了基础。

进入20世纪80年代中期,随着工业发达国家开始大量应用和普及工业机器人,我国工业机器人的研究得到了政府的重视和支持,进入了样机研发阶段。1985年,工业机器人被列入国家“七五”科技攻关计划重点研究项目,开展了工业机器人基础技术、基础元器件及几类机器人型号样机的攻关,先后研制出了点焊、弧焊、喷漆、搬运等型号的机器人样机以及谐波传动组件、焊接电源等,形成了中国工业机器人发展的第一次高潮。

20世纪90年代为工业机器人示范应用阶段。这一阶段共研制出平面关节型装配机器人、直角坐标机器人、弧焊机器人、点焊机器人及自动引导车等7种工业机器人系列产品,102种特种机器人,并开展了100余项机器人应用工程。为了促进国产机器人的产业化发展,20世纪90年代末,我国建立了9个机器人产业化基地和7个科研基地。

进入21世纪，国家中长期科学和技术发展规划纲要突出增强自主创新能力这一条主线，着力营造有利于自主创新的政策环境，加快促进企业成为创新主体，大力倡导企业为主体，产学研紧密结合。国内一大批企业或自主研制或与科研院所合作，进入工业机器人研制和生产行列，我国工业机器人进入了初步产业化阶段。

综上所述，我国工业机器人的发展经历了一系列国家攻关。计划支持的应用工程开发，奠定了我国独立自主发展机器人产业的基础。但是，我国工业机器人在总体技术上与国外先进水平相比还有很大差距，关键配套的单元部件和器件始终处于进口状态，工业机器人的性价比较低，我国工业机器人新装机量近90%仍依赖于进口。

第 2 章　工业机器人的基础知识

2.1　工业机器人的核心部件

现代工业机器人的发展始于 20 世纪中期，依托计算机、自动化技术的发展而快速发展，与此同时，数控机床及其控制系统、伺服电动机、减速器等关键零部件的发展也为工业机器人的开发打下了坚实的基础。其中，精密减速器、交流电机伺服系统、控制器等是机器人产业上游产品，这些产品的核心技术基本都被日本和欧洲所垄断；中游产业技术主要指的是机器人设计、动力学、控制算法等整机技术；下游产业是系统集成、软件二次开发等。机器人产业链的构成具体如图 2－1 所示。

图 2－1　机器人产业链构成

工业机器人由机械本体、控制系统、驱动与传动、传感器组件等几个基本部分组成，如图 2－2所示，其核心部分主要体现在四个方面，即高精度减速器、高性能伺服电机和驱动器、机器人控制系统和末端执行器[2]。

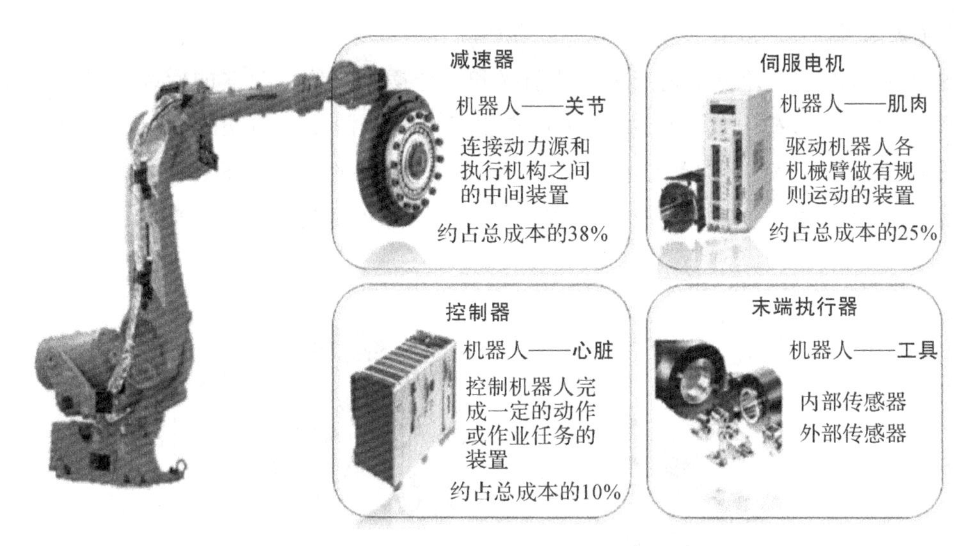

图 2-2　工业机器人核心零部件

2.1.1　高精度减速器

减速器是机器人的关键部件，其成本约占机器人本体成本的 1/3，目前主要有以下两种类型的减速器[3]。

1.谐波齿轮减速器

谐波齿轮减速器是利用行星齿轮传动原理发展起来的一种新型减速器，由波发生器、柔性齿轮和刚性齿轮组成，依靠波发生器使柔性齿轮产生可控弹性变形，并依靠柔性齿轮与刚性齿轮啮合来传递运动和动力，如图 2-3 所示。

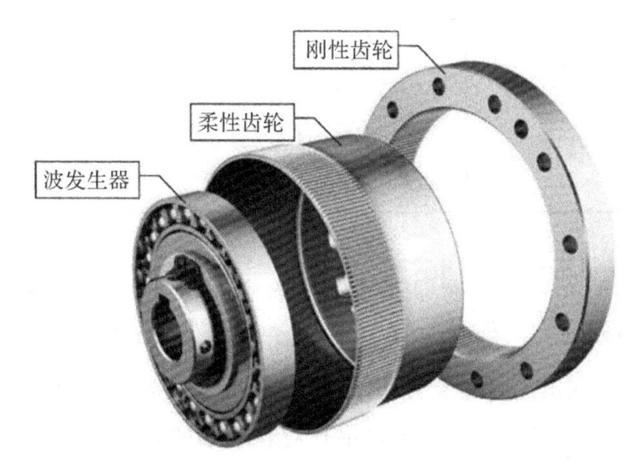

图 2-3　谐波齿轮减速器结构

谐波传动具有运动精度高、传动比大、质量小、体积小、转动惯量较小、能在密闭空间传递运动等优点，其缺点为在谐波齿轮传动中，柔性齿轮每转发生两次椭圆变形，极易引起材料的疲劳损坏，损耗功率大。

2.RV 减速器

RV 减速器由一个行星齿轮减速器的前级和一个摆线针轮减速器的后级组成。它是在传统针摆行星传动的基础上发展出来的，不仅克服了一般针摆传动的缺点，而且具有体积小、质量轻、传动比范围大、寿命长、精度保持稳定、效率高、传动平稳等一系列优点。RV 减速器因为具备诸多优点而被广泛应用于工业机器人、机床、医疗检测设备、卫星接收系统等领域，其结构如图 2-4 所示。

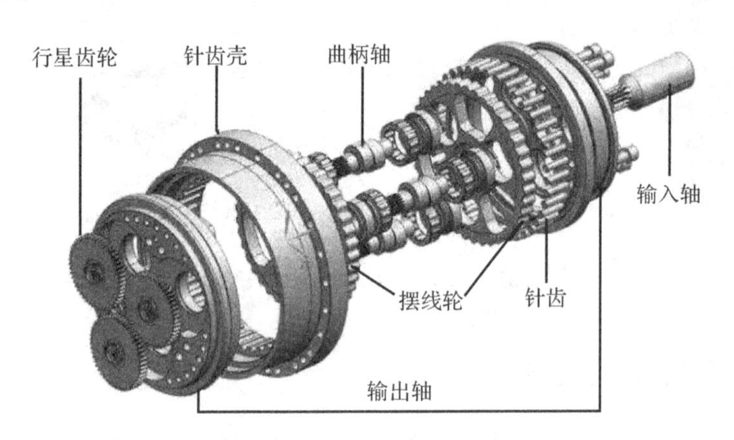

图 2-4　RV 减速器结构

RV 减速器较谐波减速器具有较高的疲劳强度、刚度和寿命，而且回差精度稳定，不像谐波减速器那样，随着使用时间增长运动精度就会显著降低。RV 减速器与谐波减速器性能指标对比见表 2-1。

表 2-1　RV 减速器与谐波减速器性能指标对比

性能指标	RV 减速器	谐波减速器
传动比 i	50～200	30～160
输入转速/($r \cdot min^{-1}$)	2 000～4 500	1 000～6 000
输出转矩/($N \cdot m$)	50～18 000	0～3 000

我国高精度的机器人关节减速器产品主要依赖进口，目前 75% 的市场被 Nabtesco 和 Harmonic Drive 公司垄断。近年来，国内部分厂商和院校开始致力高精度摆线针轮减速器的国产化和产业化研究。在谐波减速器方面，国内已有可替代产品，但是相应产品在输入转速、扭转强度、传动精度和效率等方面与日本产品还存在不小的差距。

2.1.2　高性能伺服电机和驱动器

高性能的伺服电机和驱动器是直接影响工业机器人运动速度、定位精度、承载能力、作业性能的核心部件[4]。伺服电机、驱动器、控制器等共同组成工业机器人伺服系统，是用于完成工业机器人特定轨迹运动的执行单元，其主要任务是根据控制器的控制命令，对控制信号进行处理，使驱动装置输出相应的力矩、速度和位置，实现工业机器人对外部变化负载的灵活控制。

伺服系统通常由伺服驱动器、伺服驱动装置和伺服反馈元件构成。图 2 - 5 为机器人伺服系统一般工作原理示意框图。

(1)伺服控制器：根据上位机的运动控制数据与命令，进行轨迹规划、插补计算，将运算得到的位置命令输入伺服驱动器。

(2)伺服驱动器：根据伺服控制器输入的位置命令，与位于伺服电机上的编码器产生的反馈信号进行比较得到误差信号，基于误差信号进行控制运算，生成控制信息，达到变压变频，控制伺服电机转矩、转速和位置的输出。

(3)伺服电机：具体负责接收伺服驱动器信息，输出相应的转矩、转速，早期以步进电机、电液马达为主，后逐渐被调速性能优异的直流伺服电机所取代。

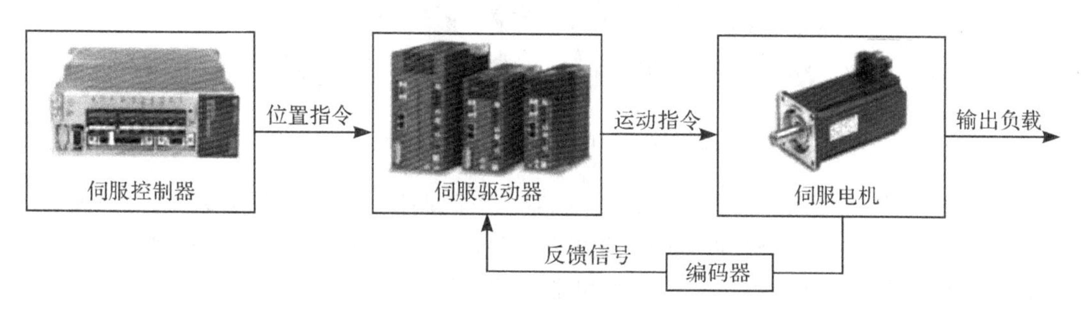

图 2 - 5　机器人伺服系统工作原理框图

2.1.3　机器人控制系统

机器人控制系统是工业机器人的指挥中心，是实现机器人控制的软、硬件集合，负责处理相关指令并驱动伺服系统完成机器人的实际运作。控制器的性能直接决定了机器人运行的可靠程度与精确程度。

工业机器人对控制系统的实时性具有很高的要求。目前主流的工业机器人有两种控制系统类型：一种是基于“PC＋运动控制卡”的控制系统架构，另一种是基于“搭载实时系统的嵌入式系统/IPC＋工业伺服总线”的控制系统架构。基于“PC＋运动控制卡”的模式，运动控制卡完成了多轴控制系统运动与轨迹规划的功能，控制系统的实时性和准确性完全取决于运动控制卡。相比于“PC＋运动控制卡”的模式，使用基于伺服总线式的机器人控制系统架构，使用者能够拓展控制系统轨迹规划方案，模块独立性强，灵活性高，扩展容易。随着工业分布式、网络化的发展，基于伺服总线式的机器人控制系统架构成为了当今控制系统发展的主要方向。图 2 - 6 为深圳固高科技的 GUC - EtherCAT 系列嵌入式网络运动控制器。

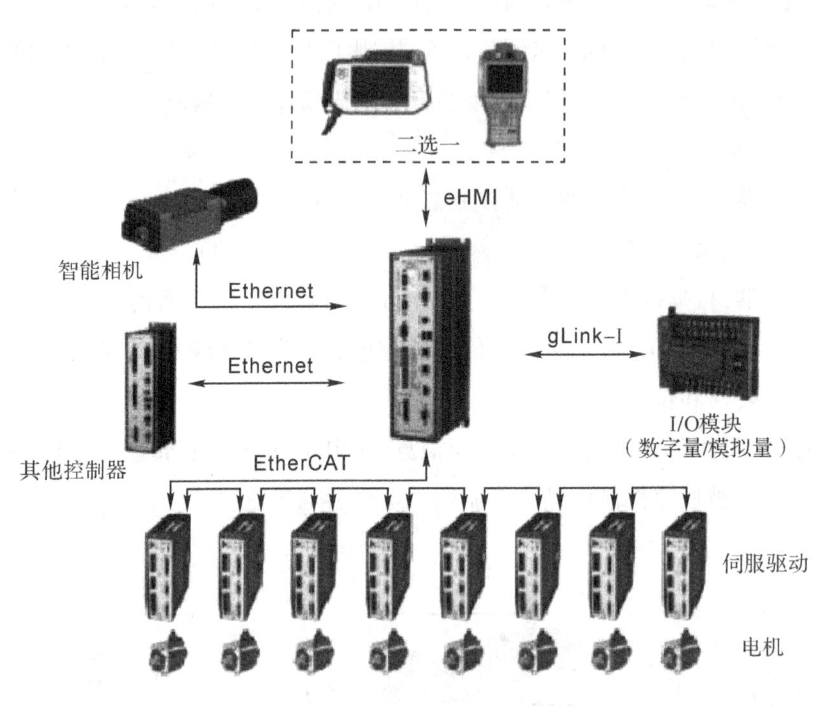

图 2-6　GUC-EtherCAT 控制器

工业机器人"四大家族"都拥有专用工业机器人控制器技术。控制器为封闭型，其硬件架构和操作系统都采用主流架构，但是在工业机器人控制软件上，每家都有自己的独到之处。

日本 FANUC 公司研发的 R-30iB 型机器人的控制器是 FANUC 公司推出的新型控制器，支持Ethernet、CC-Link、Profibus、EtherCAT 等多种总线通信协议，集成了视觉、力传感器等多种智能功能模块，结合 FANUC 自身的系统软件平台，可开发各种功能强大的点焊、涂胶、搬运等专用软件。

瑞典 ABB 公司研发的 IRC5 控制器是 ABB 公司推出的新一代控制器。硬件上，由控制模块、驱动模块和可选的过程模块组成；软件上，基于 VxWorks 操作系统和 Net Framework 运行平台，支持 DeviceNet、Profibus、EtherNet/IP 等多种现场总线协议。IRC5 的核心是控制模块，负责完成复杂的运动控制算法，在 MultiMove 模式下，最多可同时为 36 个运动轴进行运动轨迹计算，实现同时控制 4 台机器人作业。

日本 YASKAWA 公司研发的 MP3300iec 系列运动控制器，支持 IEC 61131-3 标准语言及 PLCopen 运动控制规范，可通过添加通信模块，支持多种现场总线协议，包括 Modbus、EtherNet/IP、EtherCAT、MECHATROLINK 等，最多可实现 32 个电机轴同步运动控制，同步周期最快可达 125 μs。

德国 KUKA 公司新一代 KRC4 型控制器采用了新的构架"Windows+INtime"。INtime 内核和 Windows 内核之间的通信主要通过特定的通信接口完成，两者共享系统计时器，INtime 任务优先级较高，Windows 任务运行在低优先级，实时任务包括机器人控制任务、软 PLC 任务、EtherCAT 总线控制任务等。

国内工业机器人研究起步于 20 世纪 70 年代，经过多年的发展，在机器人控制系统的研究上不断缩小与国外知名机器人厂商的差距，也涌现出了一批知名的工业机器人制造商。相比于国外，国内的机器人市场中，采用“PC＋运动控制卡”架构的控制系统仍占一定份额。除此之外，国内基于“嵌入式系统/IPC＋工业伺服总线”架构的控制系统也有一定的发展。

2.2　机器人坐标表示方法

机器人系统拥有基本坐标系、世界坐标系、机械法兰面坐标系、工具坐标系、工件坐标系等多种不同形式的坐标系，用于表征机器人、机器人零部件、末端执行器、待加工工件等的空间位置及相对位置关系，是机器人及其运动仿真的关键点之一。

2.2.1　基本坐标系

机器人基本坐标系是以机器人底座安装平面为基准的坐标系，是机器人的第一基准坐标系，如图 2－7 所示。在机器人的安装位置确定以后，基本坐标系就确定了。基本坐标系是机器人诸多坐标系的基准，世界坐标系也是以基本坐标系为基准的。

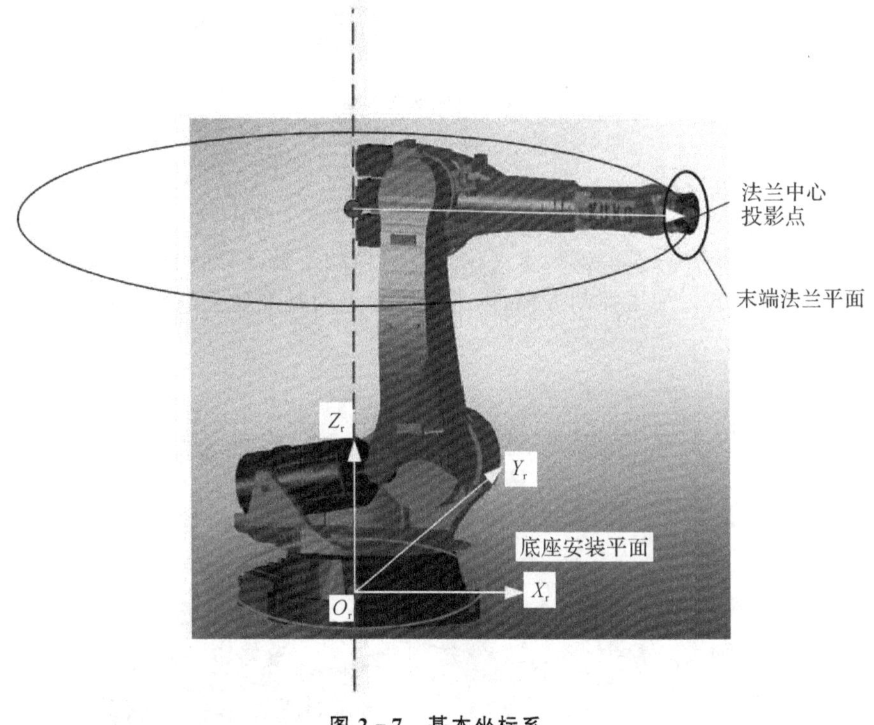

图 2－7　基本坐标系

2.2.2　世界坐标系

世界坐标系是机器人系统默认使用的坐标系，是机器人位置的当前坐标系。所有表示位置点的数据都是以世界坐标系为基准的。世界坐标系以机器人基本坐标系为基准设置，在大部分应用中，世界坐标系与基本坐标系相同。

2.2.3 机械法兰面坐标系

机械法兰面坐标系是以机器人最前端的法兰面为基准确定的坐标系，通过 X_M、Y_M、Z_M 表示，如图 2－8 所示。坐标系中与法兰面垂直的轴为 Z_M 轴，Z_M 轴正向朝外，X_M 轴和 Y_M 轴在法兰面上，法兰中心与定位销孔的连接线为 X_M 轴，但 X_M 轴正向与定位销孔方向相反。

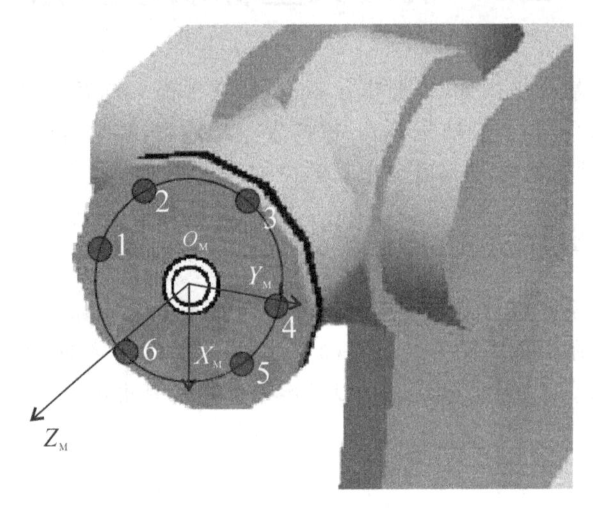

图 2－8 机械法兰面坐标系

2.2.4 工具坐标系

由于实际使用的机器人都要安装末端执行器等辅助工具，因此，机器人的实际控制点就移动到了工具的中心点上。为了控制方便，以工具中心点为基准建立的坐标系就是工具坐标系，如图 2－9 所示。

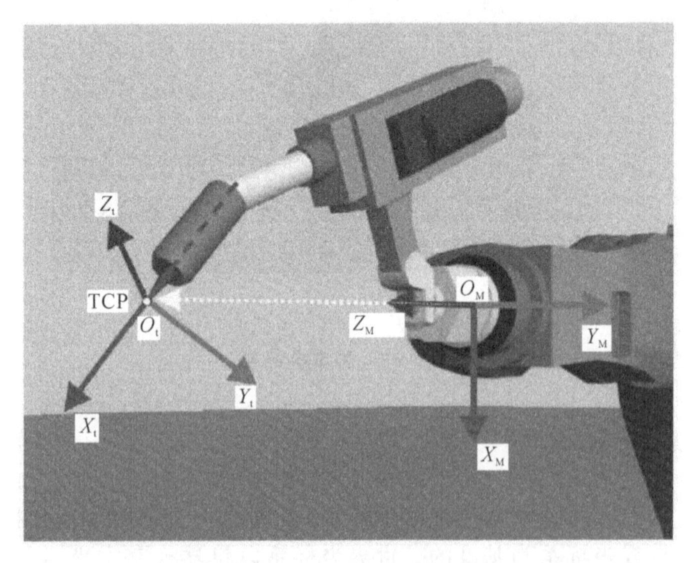

图 2－9 工具坐标系

2.2.5 工件坐标系

工件坐标系是以工件原点确定的坐标系。在实际加工过程中，工件坐标系用以确定工件在基本坐标系中的关系，如图 2 - 10 所示。

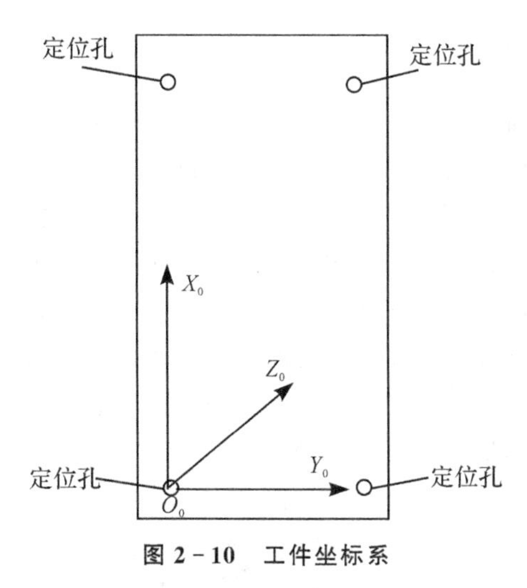

图 2 - 10 工件坐标系

2.2.6 坐标系的建立与统一

以机器人为载体，通过在其末端安装末端执行器来进行装配，涉及以上提到的坐标系，它们之间的关系如图 2 - 11 所示。

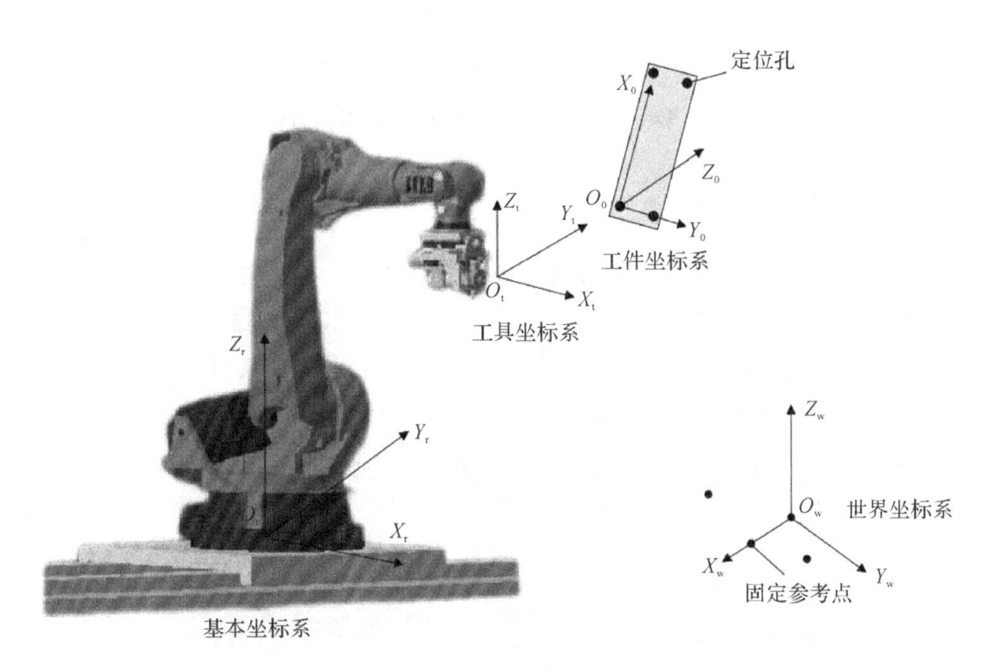

图 2 - 11 坐标系的建立与统一

2.3 工业机器人的技术参数

2.3.1 机器人自由度

机器人的自由度是指确定机器人首部空间位置和姿态所需要的独立运动参数的数目，也就是机器人具有独立坐标轴运动的数目。机器人的自由度数一般等于关节数量。机器人常用的自由度数一般不超过 6 个，其末端执行器上手指的开合及手指关节自由度一般不包含在内。

机器人轴的数量决定了其自由度。在一些简单工业场景应用中，如在传送带上拾取、放置零件，一般仅需要四轴机器人。如果机器人需要在一个狭小空间内工作，而且机械臂需要扭曲和反转，则需要六轴及以上机器人。因此，机器人轴的数量选择通常取决于具体的应用场景。

以常见的六轴机器人为例：机器人基座为 A_0 轴，靠近基座的关节为 A_1 轴，接下来是 A_2 轴、A_3 轴、A_4 轴、A_5 轴、A_6 轴，如图 2 - 12 所示。

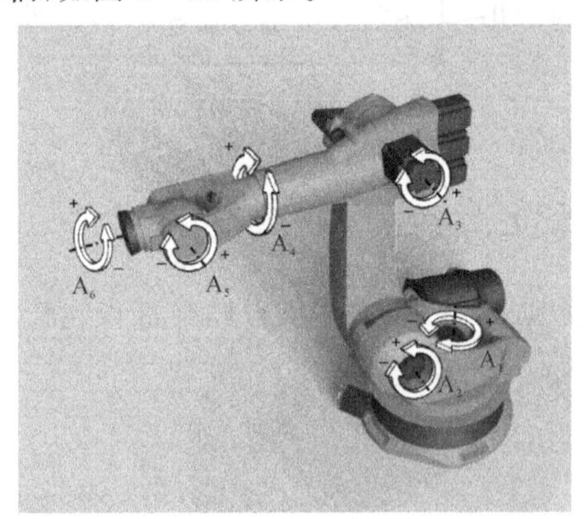

图 2 - 12　KUKA KR 150 机器人结构及其自由度

2.3.2 机器人负载

机器人负载是指机器人在工作时能够承受的最大载重，一般用质量、力矩、惯性矩表示，还与运行速度和加速度大小、方向有关。图 2 - 13 为 KUKA KR 150 机器人的技术参数，由图可知，KUKA KR 150 机器人的额定负载为 150 kg，最大负载能力为 218 kg。

最大运动范围	2 701 mm
额定负载	150 kg
最大负载能力	218 kg
转盘/大臂/小臂的最大附加负载	300 kg/130 kg/150 kg
重复定位精度(ISO 9283)	±0.05 mm
轴数	6
安装位置	地面
占地面积	754 mm × 754 mm
质量	约1 072 kg

图 2 - 13　KUKA KR 150 机器人技术参数

机器人载重量与工件、末端执行器在 A_6 轴的位置有关，距离 A_6 轴法兰越近，载重量越大，距离 A_6 轴法兰越远，由于力矩作用，其载重量越小，图 2－14 为 KUKA KR 150 型机器人负载图。

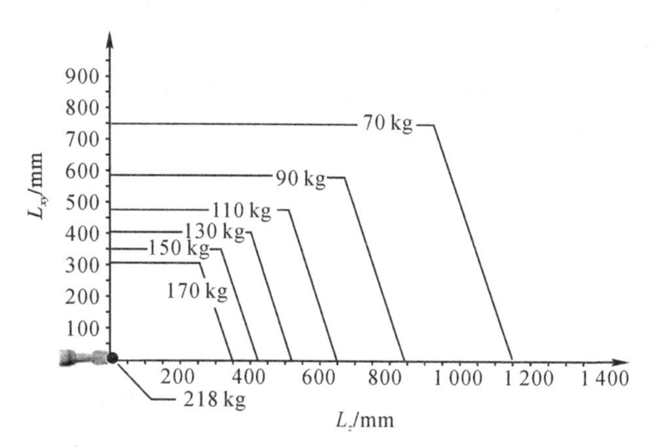

图 2－14　KUKA KR 150 型机器人负载图

2.3.3　机器人可达范围

机器人可达范围是指机器人手臂或手臂安装点所能达到的所有空间区域，其形状取决于机器人的自由度数和各运动关节的类型与配置，通常用图解法和解析法来表示。

机器人制造公司都会给出机器人可达范围，用户可以从中查询是否符合应用要求。图 2－15给出了 KUKA KR 150 型机器人的可达范围。

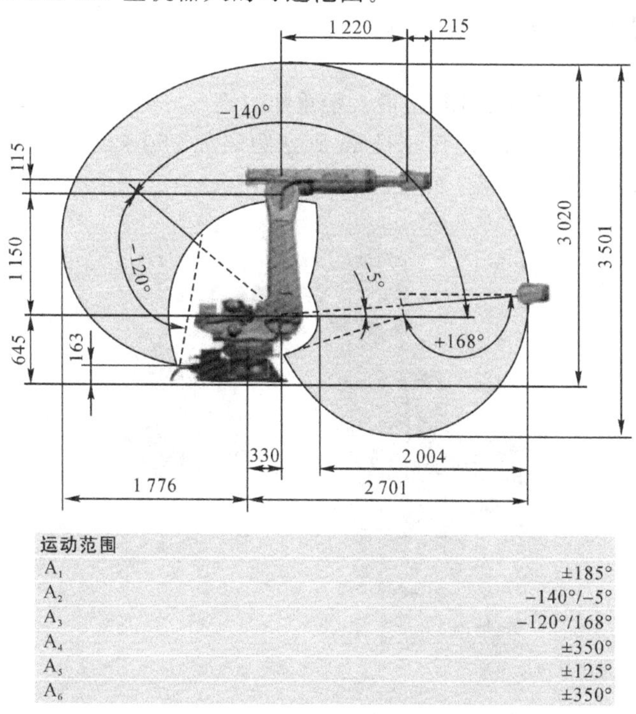

运动范围	
A_1	±185°
A_2	−140°/−5°
A_3	−120°/168°
A_4	±350°
A_5	±125°
A_6	±350°

图 2－15　KUKA KR 150 型机器人可达范围

2.3.4 机器人运动速度

机器人运动速度指机器人在工作载荷条件下匀速运动过程中，其机械接口中心或工具中心点在单位时间内所移动的距离或转过的角度。

速度取决于不同的工作状态，规格表上通常只给出最大速度，机器人能提供的速度介于 0 和最大速度之间，其单位通常为度/秒(°/s)，如图 2-16 所示。

额定负载时的速度	
A_1	120 °/s
A_2	115 °/s
A_3	120 °/s
A_4	190 °/s
A_5	180 °/s
A_6	260 °/s

图 2-16 KUKA KR 150 型机器人运动速度

2.3.5 机器人重复定位精度

机器人精度多指重复定位精度。重复定位精度指机器人重复达到某一目标位置的差异程度，或在相同指令下，机器人连续重复若干次，其位置的分散情况。重复定位精度也用来衡量一系列误差值的密集程度，即重复度。

重复定位精度的选择取决于机器人应用场景。通常来说，机器人载重量越小，其重复定位精度越高。如图 2-13 所示，KUKA KR 150 机器人的重复定位精度为±0.05 mm。

2.3.6 典型机器人基本参数

ABB 公司的 IRB7600 六轴机器人，最大承重能力高达 650 kg，适用于各行业的重载场合；IRB660 机器人采用了四轴设计，具有 3.15 m 到达距离和 250 kg 有效载荷，适合用于袋、盒、板条箱、瓶等包装形式的物料堆垛，如图 2-17 所示。

图 2-17 ABB IRB660 机器人

川崎重工的MX700N机器人(见图2-18)为垂直多关节型六轴机器人，最大搬运重量为700 kg。其第五轴(手腕)的扭矩为5 488 N·m，适用于一次搬运多个工件以及要以托盘为单位处理的作业，其第三轴采用新型连杆，省去了大型机器人常用的平衡锤。其下半部转动半径及影响范围都比较小，因此可在狭窄的空间工作，最大臂长为2.54 m，具备碰撞检测功能，高刚性工作臂还具有振动控制功能。

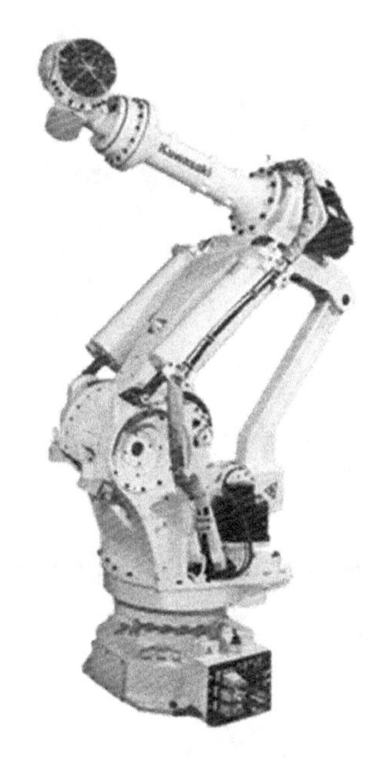

图2-18　MX700N机器人

KUKA KR1000“titan”重载型机器人(见图2-19)是载入吉尼斯世界纪录的世界上最强壮的机器人。堆垛专家KR 300 PA、KR 470 PA和KR 700 PA能够适应客户所需承载能力介于40～1 300 kg之间的任意堆垛方案。

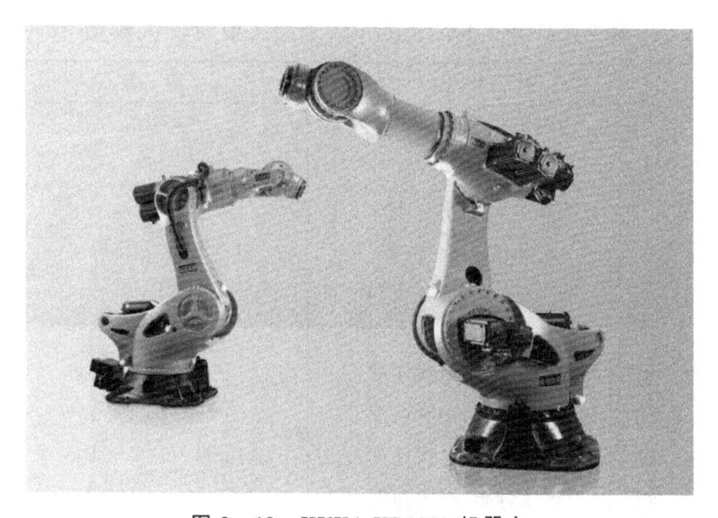

图2-19　KUKA KR1000机器人

德国KUKA公司生产的KR150-2型工业机器人是一种典型的6R型工业机器人，其额定负载为 150 kg,具有 6 个自由度,并且所有 6 个关节均为转动关节。整个机器人系统由机械手臂和控制柜组成。它的机身结构如图 2-20(a)所示,具体参数见表 2-2。由机器人各个关节的转动范围以及机器人几何参数信息可以计算出机器人的运动范围,如图 2-20(b)所示。

(a)

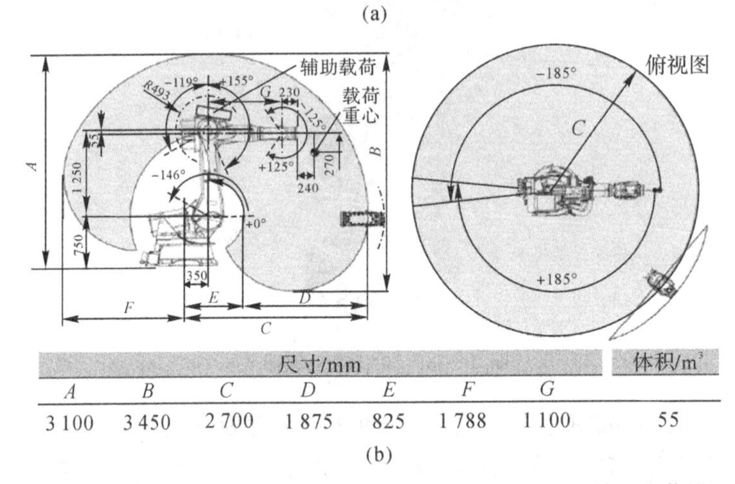

尺寸/mm							体积/m³
A	B	C	D	E	F	G	
3 100	3 450	2 700	1 875	825	1 788	1 100	55

(b)

图 2-20　KUKA KR150-2 型工业机器人机身结构及其工作范围

表 2-2　KUKA KR150-2 型工业机器人参数

项　目	参　数
额定载荷	150 kg
轴的个数	6
近似质量	1 245 kg
安装位置	地板、天花板
控制器	KRC2
重复定位精度	±0.15 mm
轴 1(A_1)幅度分布、最大速度	±185°、110°/s
轴 2(A_2)幅度分布、最大速度	+0°/−140°、110°/s
轴 3(A_3)幅度分布、最大速度	+155°/−119°、100°/s
轴 4(A_4)幅度分布、最大速度	±350°、170°/s
轴 5(A_5)幅度分布、最大速度	±125°、170°/s
轴 6(A_6)幅度分布、最大速度	±350°、238°/s

2.4　工业机器人运动学基础

机器人机构是由一系列刚性连杆通过关节交替连接而组成的开链型连杆机构，它的关节由驱动器驱动，具有多个自由度，能够执行类似人类手臂的动作。机器人运动学分析就是要建立各运动构件，即各个连杆和关节与机器人末端在运动空间中的位置、姿态之间的关系，为机器人的运动控制分析提供依据。机器人的运动学分析主要包括：正向运动学分析，即给定机器人各构件的几何参数及所有的关节变量时，通过各关节坐标系间的坐标转换来计算机器人末端的位置和姿态；逆向运动学分析，即给定机器人末端的期望位置和姿态，通过求解各矩阵方程的逆来计算出每一关节变量的值。一般，正向运动学分析的解是唯一的，而逆向运动学分析往往具有多组解。

2.4.1　机器人位置和姿态描述方法

工业机器人作业空间(Task Space)一般是指其工作空间，它通常是相对于一个参考坐标系而言的。在笛卡儿坐标系统中，通常需要6个参数来完全确定空间中自由运动刚体的位姿，即通过3个位置坐标确定刚体上某一点的位置，通过3个角度坐标确定刚体的姿态：

$$\boldsymbol{P}=[r_x \quad r_y \quad r_z \quad \theta_x \quad \theta_y \quad \theta_z]^{\mathrm{T}} \tag{2-1}$$

式中：r_x、r_y、r_z为末端执行器坐标系的原点相对于参考坐标系的位置广义坐标，可记为$\boldsymbol{R}=[r_x \quad r_y \quad r_z]^{\mathrm{T}}$；$\theta_x$、$\theta_y$、$\theta_z$为末端执行器坐标系绕参考坐标系的姿态广义坐标，可记为$\boldsymbol{\theta}=[\theta_x \quad \theta_y \quad \theta_z]^{\mathrm{T}}$。

2.4.2　刚体空间的齐次坐标

2.4.2.1　坐标系平移变换

坐标系{A}和坐标系{B}在方向上一致，从{B}向{A}转换，只是坐标原点之间有一个平移变换，如图2-21所示。

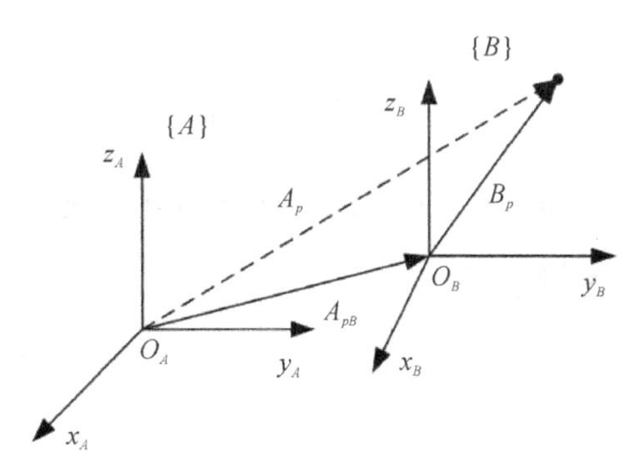

图2-21　坐标系平移变换

平移方程为

$$\boldsymbol{p}^A=\boldsymbol{p}^B+\boldsymbol{p}_B^A \tag{2-2}$$

2.4.2.2 坐标系旋转变换

坐标系$\{A\}$和坐标系$\{B\}$的原点重合，但是各坐标轴的方向不一致(见图 2-22)，从$\{B\}$向$\{A\}$转换，令 $\boldsymbol{R}_B^A$ 表示$\{B\}$ 相对$\{A\}$ 的旋转变换，则两者的转换公式为

$$\boldsymbol{p}^A = \boldsymbol{p}^B \boldsymbol{R}_B^A \tag{2-3}$$

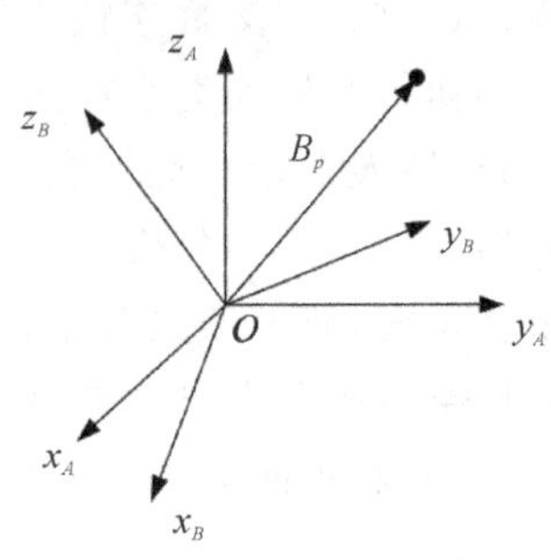

图 2-22 坐标系旋转变换

2.4.2.3 坐标系复合变换

坐标变换更常见的情形，是将平移变换和旋转变换结合在一起，构成复合变换，两者的变换方程为

$$\boldsymbol{p}^A = \boldsymbol{p}^B \boldsymbol{R}_B^A + \boldsymbol{p}_B^A \tag{2-4}$$

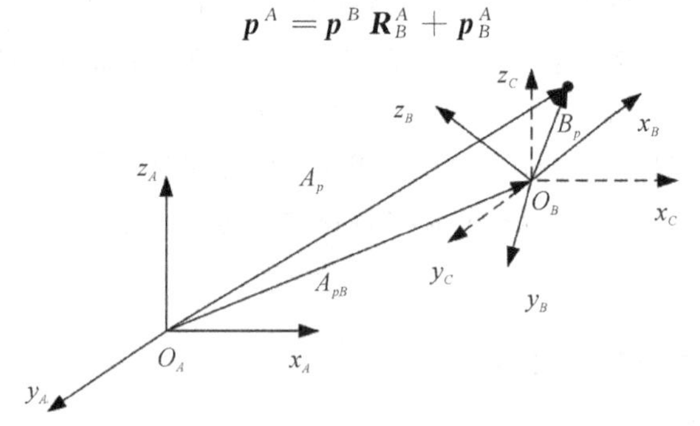

图 2-23 坐标系复合变换

2.4.2.4 齐次坐标变换

由于齐次坐标变换更易于计算，所以将非齐次变为齐次，转换公式为

$$\boldsymbol{p}^A = \boldsymbol{p}^B \boldsymbol{T}_B^A \tag{2-5}$$

其中：

$$\boldsymbol{T}_B^A = \begin{bmatrix} \boldsymbol{R}_B^A & \boldsymbol{p}^A \\ \boldsymbol{0} & \boldsymbol{1} \end{bmatrix} \tag{2-6}$$

$\boldsymbol{T}_B^A$ 既代表平移变换，也代表旋转变换，这种变换形式为机器人模型的建立打下了基础。

2.4.2.5 齐次坐标平移变换

空间中的一点用 $a\boldsymbol{i}+b\boldsymbol{j}+c\boldsymbol{k}$ 表示，$\boldsymbol{i}$、$\boldsymbol{j}$、$\boldsymbol{k}$ 代表坐标轴 x、y、z 上的单位向量。平移变换矩阵为

$$\mathrm{Trans}(a,b,c) = \begin{bmatrix} 1 & 0 & 0 & a \\ 0 & 1 & 0 & b \\ 0 & 0 & 1 & c \\ 0 & 0 & 0 & 1 \end{bmatrix} \tag{2-7}$$

式中：Trans 表示平移变换。

2.4.2.6　齐次坐标旋转变换

对应轴 x、y、z 作转角为 θ 的旋转变换，则有

$$\mathrm{Rot}(x,\theta)=\begin{bmatrix}1 & 0 & 0 & 0\\ 0 & \cos\theta & -\sin\theta & 0\\ 0 & \sin\theta & \cos\theta & 0\\ 0 & 0 & 0 & 1\end{bmatrix} \tag{2-8}$$

$$\mathrm{Rot}(y,\theta)=\begin{bmatrix}\cos\theta & 0 & -\sin\theta & 0\\ 0 & 1 & 0 & 0\\ \sin\theta & 0 & \cos\theta & 0\\ 0 & 0 & 0 & 1\end{bmatrix} \tag{2-9}$$

$$\mathrm{Rot}(z,\theta)=\begin{bmatrix}\cos\theta & -\sin\theta & 0 & 0\\ \sin\theta & \cos\theta & 0 & 0\\ 0 & 0 & 1 & 0\\ 0 & 0 & 0 & 1\end{bmatrix} \tag{2-10}$$

式中：Rot 表示旋转变换。

2.4.3　机器人 D－H 模型建模

机器人运动学模型是研究机器人特性的理论基础。1955 年提出的 Denavit－Hartenberg 模型（简称 D－H 模型）是最经典的机器人运动学建模方法。该模型用连杆长度、连杆扭角、连杆偏距以及关节转角定义相邻两个机器人关节在空间中的坐标系变换关系，通过全部关节的变换关系的传递完成机器人运动学建模。

按图 2－24 所示的方法在各个关节处建立关节坐标系：

（1）以关节 $i+1$ 的轴线方向作为 z_i 轴的方向；

（2）以 z_{i-1} 与 z_i 公垂线的交点作为关节坐标系原点 O_i；

（3）以 z_{i-1} 与 z_i 的公垂线作为 x_i 轴，方向为 z_{i-1} 指向 z_i；

（4）根据 x_i 和 z_i 方向确定 y_i 轴向，使 $y_i=z_i\times x_i$。

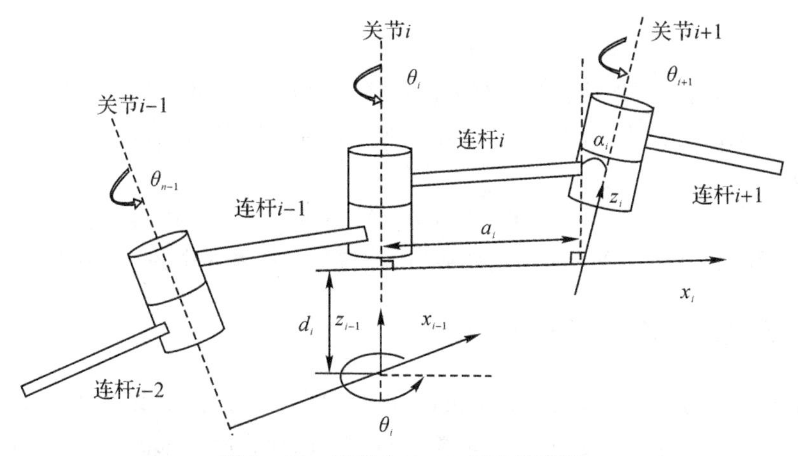

图 2－24　机器人 D－H 运动学模型

按照上述方法建立各关节坐标系后，就可以确定用于描述相邻关节坐标系间位姿关系的4个参数：

(1)关节转角 θ_i : x_{i-1} 绕 z_{i-1} 到 x_i 所需旋转的角度。

(2)关节偏置 d_i : x_{i-1} 沿着 z_{i-1} 到 x_i 的距离。

(3)连杆扭角 α_i : z_{i-1} 绕 x_{i-1} 到 z_i 所需旋转的角度。

(4)连杆长度 a_i : z_{i-1} 沿着 x_{i-1} 到 z_i 的距离。

由以上分析可知D-H模型包含的4个参数中的 α_i 和 a_i 用来描述连杆的形状，另外两个参数 θ_i 和 d_i 用来描述相邻连杆间的相对位置。

在建立起机器人各关节坐标系后，按照如下的步骤就可以将一个关节坐标系转换到下一个关节坐标系：

(1)绕 z_{i-1} 轴转动 θ_i ，使得 x_{i-1} 轴与 x_i 轴相互平行。

(2)沿着 z_{i-1} 轴平移距离 d_i ，使得 x_{i-1} 轴与 x_i 轴共线。因为此时 x_{i-1} 与 x_i 已经平行且垂直于 z_{i-1} ，所以沿着 z_{i-1} 移动可以使这两轴相互重叠在一起。

(3)沿着 x_{i-1} 轴平移距离 a_i ，使得两个坐标系 $i-1$ 和 i 的原点重合。

(4)将 z_{i-1} 轴绕 x_{i-1} 轴转动 α_i ，使得 z_{i-1} 轴与 z_i 轴重合。此时两个坐标系 $i-1$ 和 i 完全重合在一起。

至此，便成功地完成了从一个关节坐标系向下一个关节坐标系的转换。

通过以上变换有

$$\boldsymbol{A}_i = \mathrm{Rot}(z,\theta_i)\,\mathrm{Trans}(0,0,d_i)\,\mathrm{Trans}(a_i,0,0)\,\mathrm{Rot}(x,\alpha_i) \tag{2-11}$$

其中

$$\boldsymbol{A}_i = \begin{bmatrix} \cos\theta_i & -\sin\theta_i & 0 & 0 \\ \sin\theta_i & \cos\theta_i & 0 & 0 \\ 0 & 0 & 1 & 0 \\ 0 & 0 & 0 & 1 \end{bmatrix} \begin{bmatrix} 1 & 0 & 0 & 0 \\ 0 & 1 & 0 & 0 \\ 0 & 0 & 1 & d_i \\ 0 & 0 & 0 & 1 \end{bmatrix} \begin{bmatrix} 1 & 0 & 0 & a_i \\ 0 & 1 & 0 & 0 \\ 0 & 0 & 1 & 0 \\ 0 & 0 & 0 & 1 \end{bmatrix} \begin{bmatrix} 1 & 0 & 0 & 0 \\ 0 & \cos\alpha_i & -\sin\alpha_i & 0 \\ 0 & \sin\alpha_i & \cos\alpha_i & 0 \\ 0 & 0 & 0 & 1 \end{bmatrix} =$$

$$\begin{bmatrix} \cos\theta_i & -\sin\theta_i\cos\alpha_i & \sin\theta_i\sin\alpha_i & a_i\cos\theta_i \\ \sin\theta_i & \cos\theta_i\cos\alpha_i & -\cos\theta_i\sin\alpha_i & a_i\sin\theta_i \\ 0 & \sin\alpha_i & \cos\alpha_i & d_i \\ 0 & 0 & 0 & 1 \end{bmatrix} \tag{2-12}$$

重复上面的步骤，就可以获得从机器人的基座直至机器人的末端关节的坐标转换。将每个齐次变换矩阵依次定义为 $\boldsymbol{A}_1$ ，$\boldsymbol{A}_2$ ，…，$\boldsymbol{A}_n$ ，则从机器人的基座到机器人末端工具坐标系之间的总变换为

$$\boldsymbol{T}_0^n = A_1 A_2 A_3 \cdots A_n \tag{2-13}$$

式中：n 为关节数，如对于一个六自由度的机器人而言，对应着6个齐次变换矩阵。

2.4.4 机器人正向运动学求解

机器人正向运动学求解表示：在确定机器人的各项结构参数后，给出各关节转动角度(对于转动关节)和各关节移动长度(对于移动关节)，就可以计算此时机器人末端在机器人基本坐标系下所处的位置和姿态。获得机器人相邻关节坐标系的转换矩阵 $\boldsymbol{A}_i$ 以及机器人末端相对

于基本坐标系的位姿矩阵 T_0^n：

$$T_0^n=\begin{bmatrix} n_x & o_x & a_x & p_x \\ n_y & o_y & a_y & p_y \\ n_z & o_z & a_z & p_z \\ 0 & 0 & 0 & 1 \end{bmatrix} \tag{2-14}$$

式(2-13)前 3 列表示机器人末端所处的姿态，最后一列表示机器人末端所处的位置。为了简化表达，可用向量 $\boldsymbol{X}=[p_x \quad p_y \quad p_z \quad \phi_x \quad \phi_y \quad \phi_z]^{\mathrm{T}}$ 来进行描述。其中，p_x、p_y、p_z 为机器人末端的位置广义坐标，可记为 $\boldsymbol{r}=[p_x \quad p_y \quad p_z]^{\mathrm{T}}$，$\phi_x$、$\phi_y$、$\phi_z$ 为机器人末端的姿态广义坐标，可记为 $\boldsymbol{\phi}=[\phi_x \quad \phi_y \quad \phi_z]^{\mathrm{T}}$。

KUKA KR150-2 型工业机器人 D-H 模型参数见表 2-3。

表 2-3　KUKA KR 150-2 型工业机器人 D-H 模型参数

序号	连杆长度 a/mm	偏置值 d/mm	连杆扭角 α/(°)	转角 θ/(°)
1	350	750	−90	0
2	1 250	0	0	−90
3	55	0	90	180
4	0	1 100	−90	0
5	0	0	90	0
6	0	230	0	0

将表 2-3 中机器人各连杆的参数代入坐标变换中，得到 6 个相邻关节坐标系的齐次变化矩阵：

$$\boldsymbol{A}_1=\begin{bmatrix} \cos\theta_1 & 0 & -\sin\theta_1 & a_1\cos\theta_1 \\ \sin\theta_1 & 0 & \cos\theta_1 & a_1\sin\theta_1 \\ 0 & -1 & 0 & d_1 \\ 0 & 0 & 0 & 1 \end{bmatrix},\quad \boldsymbol{A}_2=\begin{bmatrix} \cos\theta_2 & -\sin\theta_2 & 0 & a_2\cos\theta_2 \\ \sin\theta_2 & \cos\theta_2 & 0 & a_2\sin\theta_2 \\ 0 & 0 & 1 & 0 \\ 0 & 0 & 0 & 1 \end{bmatrix}$$

$$\boldsymbol{A}_3=\begin{bmatrix} \cos\theta_3 & 0 & \sin\theta_3 & a_3\cos\theta_3 \\ \sin\theta_3 & 0 & -\cos\theta_3 & a_3\sin\theta_3 \\ 0 & 1 & 0 & 0 \\ 0 & 0 & 0 & 1 \end{bmatrix},\quad \boldsymbol{A}_4=\begin{bmatrix} \cos\theta_4 & 0 & -\sin\theta_4 & 0 \\ \sin\theta_4 & 0 & \cos\theta_4 & 0 \\ 0 & -1 & 0 & d_4 \\ 0 & 0 & 0 & 1 \end{bmatrix}$$

$$\boldsymbol{A}_5=\begin{bmatrix} \cos\theta_5 & 0 & \sin\theta_5 & 0 \\ \sin\theta_5 & 0 & -\cos\theta_5 & 0 \\ 0 & 1 & 0 & 0 \\ 0 & 0 & 0 & 1 \end{bmatrix},\quad A_6=\begin{bmatrix} \cos\theta_6 & -\sin\theta_6 & 0 & 0 \\ \sin\theta_6 & \cos\theta_6 & 0 & 0 \\ 0 & 0 & 1 & d_6 \\ 0 & 0 & 0 & 1 \end{bmatrix}$$

可得机器人末端相对于机器人基本坐标系的变换矩阵为

$${}_0^6\boldsymbol{T}=\boldsymbol{A}_1\boldsymbol{A}_2\boldsymbol{A}_3\boldsymbol{A}_4\boldsymbol{A}_5\boldsymbol{A}_6 \tag{2-15}$$

计算得

$${}_0^6\boldsymbol{T}=\begin{bmatrix} n_x & o_x & a_x & p_x \\ n_y & o_y & a_y & p_y \\ n_z & o_z & a_z & p_z \\ 0 & 0 & 0 & 1 \end{bmatrix}$$

将表 2-3 中的参数代入可得到 ${}^{6}_{0}\boldsymbol{T}$ 各参数，因此，已知各关节转角时，可以很容易求得机器人末端的位姿矩阵，${}^{6}_{0}\boldsymbol{T}$ 矩阵就是机器人正向运动学的解。

2.4.5 机器人逆向运动学求解

机器人的逆向运动学即已知机器人末端的位置和姿态，需要求解出各关节相应的转动角度（相对于转动关节）和移动的长度（相对于移动关节）。从工程实际应用的角度而言，机器人的逆向运动学求解比正向运动学求解往往更具实际意义，但是逆向运动学求解比正向运动学求解更为复杂。对于正向运动学求解，只存在一组解；而逆向运动学求解往往存在多组解，即给定机器人末端的位姿后，往往存在多组关节变量值。经过机器人逆向运动学求解，给定了机器人末端的期望位姿，就可以求出机器人的各个关节角的角度，然而对应着一个位姿存在着多组关节配置，需要根据机器人的具体构形以及各关节角的运动范围等来选择最优的解。机器人逆向运动学求解的方法有很多，大致可以分为几何法、反变换法、数值和符号解法等，在这里不进行具体介绍。

2.4.6 机器人运动形式

轨迹规划是机器人运动的基础，为实现机器人精密性要求，需要满足轨迹的准确性和运动的平顺性，即规划的轨迹和实际路径之间的误差要尽可能的小，末端运行参数要满足作业要求的速度、加速度、加加速度限制。轨迹规划包含两方面的问题，首先是路径规划问题，即机器人末端在几何空间的位置信息，另一个是速度规划问题，即机器人沿着规划路径运行时的速度、加速度、加加速度的参数。路径规划中，主要考虑的是机器人在几何空间中的位置可达性、机器人奇异点、避障等问题。在速度规划中，需要考虑机器人运动学与动力学问题，运行中所需关节力矩及关节速度、加速度、加加速度不超过最大值，且末端平顺性满足工艺要求。当工业机器人和其他设备协作时，速度规划还要满足时序性的要求。工业机器人在不同作业中对末端的精度有不同的要求，因此针对不同的任务需要设计不同的轨迹规划方法，常见的速度规划方法有以下几种。

（1）T 型速度规划。在 T 型速度规划中，速度曲线为梯形，加速度是不连续的，因此机器人在启动和停止时会有较大的抖动，常使用在码垛、搬运等对精度要求较低的任务中。该方法的优点为算法简单可靠、轨迹规划时占用 CPU 资源较少。

（2）三次、五次多项式速度规划。该方法中，速度、加速度都是连续的，机器人运行满足平顺性的要求，但是单纯的多项式规划没有匀速段，末端响应速度较慢。

（3）最小关节力矩轨迹规划。该方法使用扭矩限制器来让力矩尽可能地接近限制值，关节加速度大小是由力矩值确定的，是一种动态的速度规划方法，可以充分利用伺服性能。该方法的缺点为末端速度是不稳定的，在需要速度稳定的任务中是无法使用的。

（4）S 型速度规划。S 型速度规划是一种分段的速度规划方法，可以实现速度、加速度连续，即可以达到多项式规划中的平顺性，而且速度曲线具有匀速段，因此比多项式规划的响应速度更快，比 T 型速度规划更加平顺。

六自由度的工业机器人轨迹规划分为关节空间轨迹规划和笛卡儿空间轨迹规划。关节空间轨迹规划时以关节角的函数来描述机器人的轨迹，直接用上面的速度规划方法即可求出每个关节角度随时间变化的函数，经过周期采样后，即可以得到关节在每个周期运动到的位置。在笛卡儿空间的轨迹规划，包含直线、圆弧、样条曲线等。

（1）机器人关节型运动：机器人以最快捷的方式运动至目标点，其运动状态不完全可控，但运动路径保持唯一，常用于机器人在空间大范围移动，运动形式如图 2－25 所示。

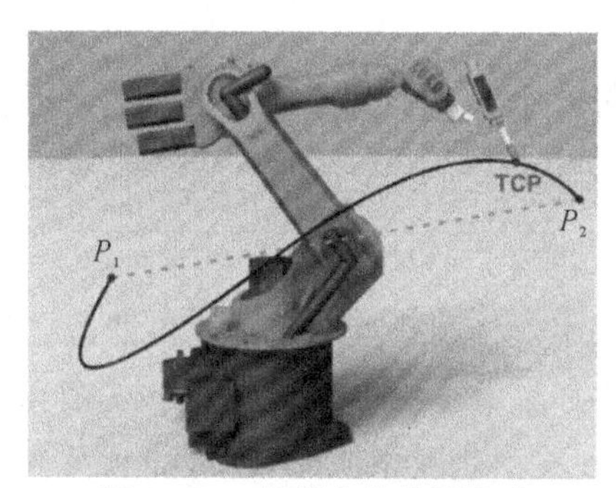

图 2－25　机器人关节型运动

（2）机器人直线运动：机器人以线性移动方式运动至目标点，当前点与目标点成为一条直线，机器人运动状态可控，运动路径保持唯一，运动形式如图 2－26 所示。

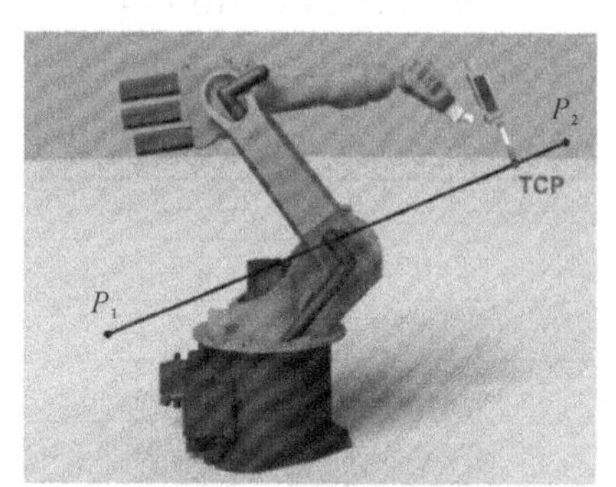

图 2－26　机器人直线运动

（3）机器人圆弧运动：机器人通过中间点以圆弧移动方式运动至目标点，当前点、中间点与目标点 3 点形成一段圆弧，机器人运动状态可控，运动路径保持唯一，运动形式如图 2－27 所示。

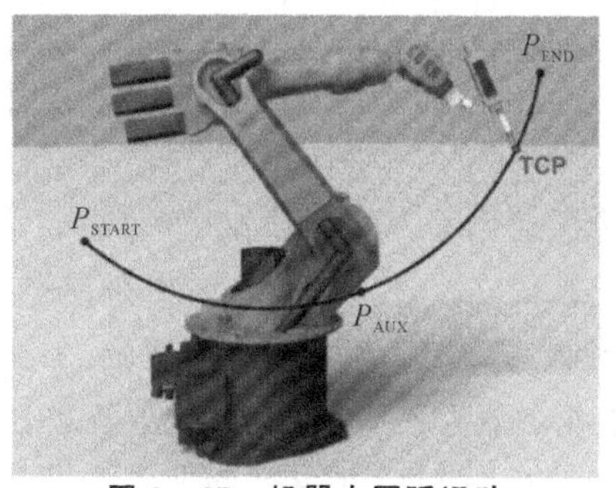

图 2－27　机器人圆弧运动

第3章　工业机器人在产品装配中的应用

从全球各产业中使用工业机器人的情况来看，工业机器人主要应用于汽车制造、电气电子、金属制品等装备制造业，其中汽车制造业应用工业机器人比例约占全球的 40%。汽车制造业中工业机器人应用份额主要集中于中国、日本、德国、美国和韩国，合计约占全球的 79%。

工业机器人在传统劳动密集型企业中应用较少，如食品和饮料制造业、纺织业，2010—2018 年其使用比例基本保持不变(见表 3-1)。2018 年，食品和饮料制造业、纺织业中工业机器人存量分别占全球总存量的 3.56% 和 0.13%，这表明全球工业机器人主要应用于高附加值产品的制造业，如汽车、电子元器件、半导体/ LCD/ LED 等电子产品和零部件制造，即从全球工业机器人应用规律来看，工业机器人大多应用于高技术制造业，而非传统劳动密集型产业。

表 3-1　全球制造业中机器人应用份额

年份	制造业工业机器人存量/台		全球制造业中新增工业机器人应用比例/(%)	各细分产业占全球制造业存量比例/(%)			
	全球	中国		食品和饮料制造业	纺织业	汽车制造业	电气电子制造业
2010 年	837 230	26 578	82.32	3.18	0.11	45.92	18.78
2011 年	922 821	45 697	82.93	3.28	0.11	45.57	20.42
2012 年	1 006 536	63 471	87.77	3.39	0.10	45.44	21.51
2013 年	1 099 045	94 437	84.50	3.58	0.11	45.58	22.18
2014 年	1 233 627	145 454	88.04	3.68	0.12	45.76	22.48
2015 年	1 392 580	206 171	91.24	3.68	0.11	44.75	23.54
2016 年	1 577 197	282 807	87.91	3.64	0.11	43.24	25.74
2017 年	1 824 548	408 561	85.27	3.52	0.12	41.74	27.86
2018 年	2 068 185	524 273	79.40	3.56	0.13	40.96	28.85

数据来源：根据 IFR 数据计算。

当前中国正在大规模推进工业机器人在制造业中的应用，2013 年以来，中国工业机器人安装台数已持续多年位居全球第一，2018 年新增安装和存量分别占全球的 35.61%和 25.35%。当前中国在食品和饮料制造、纺织、汽车制造等领域，工业机器人应用的市场份额已位居全球第一。2018 年，中国工业机器人在纺织业、木制品及家具制造业、金属制品制造业、电气电子制造业、汽车制造业应用优势明显，其存量分别占全球相应产业的 34.41%、21.28%、30.62%、29.23%、23.46%，这些产业大多也是当前中国具有比较优势的产业，其引入工业机器人主要目的在于“代工”，提高生产效率和产品利润。

以汽车制造业为例，2018 年，中国汽车制造业使用工业机器人总存量为 198 735 台，远高于美国(128 414 台)、韩国(93 576 台)和日本(101 264 台)。尽管电气电子制造业从 2018 年开始整体超过韩国和日本,但在附加值较高的电子元器件与半导体/LCD/LED 等制造业细分行业的应用比例不高,且工业机器人应用规模远低于韩国和日本。以 2018 年为例,中国在电子元器件产业中新增机器人 1 091 台,占全球新增台数的 16.20%(见表 3-2),但远低于美国和日本(2018 年分别新增 1 965 台和 6 943 台);在半导体/LCD/LED 制造业中新增机器人安装台数为 5 026 台,也远低于韩国(12 898 台)。

表 3-2　中国制造业中工业机器人存量占全球比例　　(单位:%)

年份	制造业	食品和饮料制造业	纺织业	木制品及家具制造业	造纸及出版印刷业	金属制品制造业	电气电子制造业	工业机械制造业	汽车制造业	电子元器件制造业	半导体/LCD/LED制造业
2006 年	0.51	0.16	13.53	0.06	25.28	0.29	0.32	7.69	0.12	1.08	1.92
2007 年	0.95	0.35	0.17	0.11	0.08	0.70	0.62	0.00	0.23	0.72	4.68
2008 年	1.39	0.56	0.18	0.11	0.07	1.32	1.01	0.22	0.40	0.75	5.80
2009 年	1.68	1.07	0.20	0.17	0.19	1.52	1.34	0.42	0.60	1.34	5.99
2010 年	3.17	1.52	0.83	0.02	0.78	3.06	2.52	0.63	2.50	0.13	6.29
2011 年	4.95	2.40	1.05	0.03	1.98	5.24	3.80	1.65	4.95	1.33	5.75
2012 年	6.31	3.54	1.15	0.06	2.23	6.85	4.83	1.93	6.66	1.18	5.11
2013 年	8.59	5.53	1.06	0.45	3.04	9.36	7.05	4.25	9.27	2.01	4.87
2014 年	11.79	7.81	11.80	0.95	3.21	13.28	12.22	8.12	11.97	8.15	7.60
2015 年	14.80	9.74	17.15	4.28	5.55	17.83	15.57	15.97	14.72	14.08	6.98
2016 年	17.93	11.64	22.81	9.28	7.44	21.33	19.96	18.37	17.22	16.87	11.14
2017 年	22.39	13.34	31.86	14.92	8.94	27.78	25.38	25.37	20.98	18.09	17.38
2018 年	25.35	15.19	34.41	21.28	13.41	30.62	29.23	29.02	23.46	16.20	18.14

数据来源:根据 IFR 数据计算。

3.1　机器人在航空航天制造领域的应用

航空航天制造通常具有尺度空间大、精度要求高、结构易变形等特点。应用工业机器人搭建柔性制造系统或平台,实现自动化、可重构的生产制造,对航空航天制造企业降低生产成本、提高生产效率、改善工人劳动条件、提升企业市场竞争力及快速响应产品变更需求能力等方面具有十分重要的意义和价值。

3.1.1　航空航天产品零件加工

面对航空航天等领域具有代表性的大尺度构件加工需求,国内外许多机器人制造或集成应用厂商以及机器人科研机构都在开展机器人化加工系统关键技术和系统集成应用技术的相关研究工作，以 KUKA、ABB、FANUC 以及 YASKAWA 为代表的工业机器人优势厂商推出了机器人加工系统。

由德国 Fraunhofer IFAM 研究所开展的 ProsihP Ⅱ项目[5]（见图 3-1），以大型航空结构件的高效、高生产率和精密加工需求为导向，根据大尺度构件的加工需求，对机器人系统的绝对定位精度、轨迹跟踪精度以及系统刚度进行了优化和提高，成功开发了一种移动式数控加工机器人系统，使得工业机器人能够达到航空制造业的机械加工精度（即亚毫米级）。

图 3-1 德国 Fraunhofer IFAM 研究所的 ProsihP Ⅱ项目

华中科技大学丁汉院士研究团队提出了测量-操作-加工一体化的 3M 加工理念，并将其应用到了大尺度构件的机器人化加工系统中。该技术已成功应用于飞机机翼和机身装配垫片的磨削加工，可由点云数据获得工业机械臂的加工轨迹和工艺参数规划数据，并通过在机械臂末端安装打磨头来消除工件法向的位置误差，从而实现恒力打磨。

3.1.2 航空航天产品装配

以大飞机、高性能军机和大运载火箭为代表的新一代航空航天产品，具有部件结构复杂、开敞性差、材料体系多和装配工艺难的特点，对装配精度与质量提出了更高的新要求，再加上研制转批产周期大幅度缩短，现有人工为主、传统加工机床为辅的作业模式难以满足型号多变、研制周期短和装配精度高的综合要求，以工业机器人为核心的智能装配技术与装备是解决该难题的有效新途径。

目前，在欧美发达国家，工业机器人已经较为广泛地集成应用于航空航天等高附加值产品的研制和批产。

美国 Electroimpact 公司为波音公司研制了一套用于 F/A-18E/F 战斗机襟翼装配的机器人自动制孔系统（ONCE）（见图3-2），该系统在铝、钛、复合材料等叠层上制孔时，制孔直径范围可以达到 3.73～9.525 mm，孔定位精度为±1.5 mm，沉孔深度精度为 0.063 5 mm。

图3-2　Electroimpact公司的ONCE制孔系统

德国BROTJE公司开发的RACE系统通过两台协调工作的机器人KUKA KR(六轴)更换终端执行器完成钻孔、锪窝、铆接以及自锁螺栓及垫圈安装。双机器人装配系统(见图3-3)具有温度和动载补偿功能。其研制的双机器人多功能协同钻铆系统主要应用于空客A320、A340等飞机的复合材料结构装配。该系统采用BechHoff软PLC控制技术,可以更换6个末端执行器。利用该多功能协同钻铆系统可高效完成自动钻孔、自动插钉、自动铆接等装配任务,其机器人绝对定位精度为0.2 mm,重复定位精度为0.05 mm。

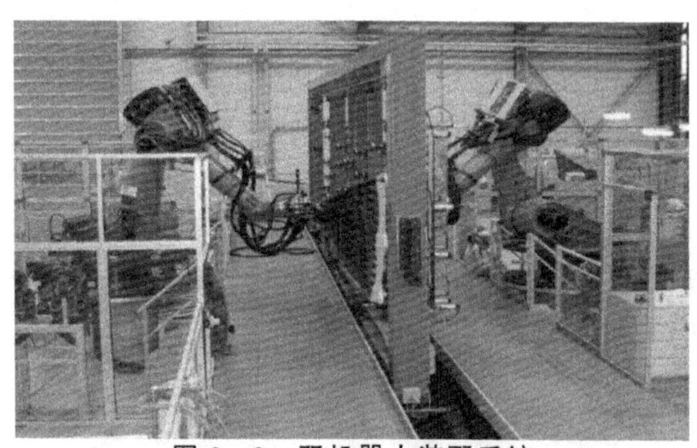

图3-3　双机器人装配系统

德国BROETJE公司研制了一套机器人装配系统(Robot Assembly Cell,RACe)(见图3-4),用于欧洲直升机公司飞机舱门自动制孔。该系统通过机器人标定后,作业精度可达±0.3 mm,重复定位精度为±0.05 mm,并且具有自动换刀及夹载功能。

图3-4　RACe装配系统

德国的弗劳恩霍夫协会研发的移动铣削机器人装备通过集成双目视觉伺服控制技术与关节转角反馈控制技术，使得机器人轨迹精度达到±0.35 mm，重复定位精度为±0.063 mm，已成功应用于空客A350机身及翼面部件的修配。

MOLLER提出了激光跟踪器动态测量的机器人装配系统(见图3-5)。该系统基于传感器在线测量实现机器人末端闭环轨迹跟踪精度提升的控制方法，采用安装在AGV(Automated Guided Vehicle，自动导引车)上精度改进的工业机器人系统来实现大型航空航天零件的大尺度范围精密加工，并采用外部传感器来实现机器人末端位姿和轨迹的高精度控制。

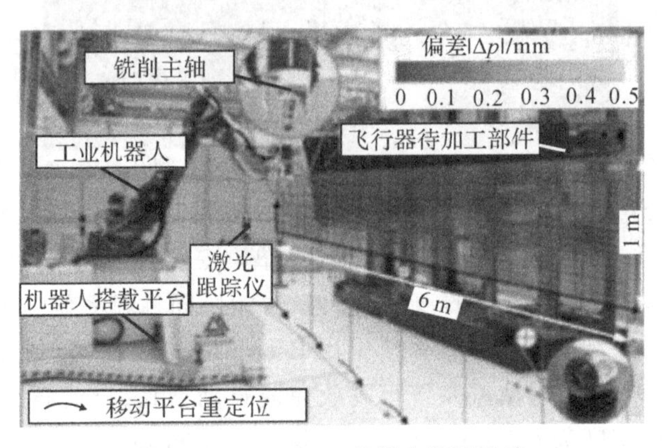

图3-5 MOLLER机器人装配系统

加拿大的庞巴迪航空公司在CSeries飞机驾驶舱和机身装配生产线上，采用了6个12 t重的工业机器人。由于CSeries飞机机身本体直径较大，为3.7 m，故其所配套的机器人装配系统配有机器人升降平台，最大高度可达5.72 m，远大于机身本体直径(见图3-6)。该系统还配有多功能末端执行器，在铝合金机体上完成一次钻孔和铆接工艺仅需32 s，在复合材料机体上完成钻孔、加密封胶到紧固铆接仅需53 s，并且该系统可以连续工作17 h，系统同时配有先进的视觉控制单元，孔位精度可达0.254 mm。

图3-6 CSeries飞机装配系统

浙江大学针对飞机装配，研发了飞机自动化装配及机器人钻孔等机械化制造系统，还研制出了 AGV 式移动机器人钻孔系统，并对 AGV 式移动机器人在飞机装配中的二次制孔位置精度提升方法进行了研究。

中国航空制造技术研究院开发出了 AGV 搭载机器人的可移动机翼装配机器人化制孔系统，并对 C919 机翼的 9～14 号肋盒段进行了制孔试验，孔定位精度可以达到±0.25 mm。

南京航空航天大学针对我国某主机厂翼面类部件的飞机自动化装配需求，研发了基于两个机器人协同控制的自动钻铆系统，钻铆机器人采用的是第七轴搭载，可沿着直线导轨移动，从而实现多工位的协同钻铆。

3.1.3 机器人在航空航天制造中的发展趋势

通过机器人刚度强化技术和精度补偿技术，机器人作业装备具备了执行航空航天制造高精度重载作业的能力。但是，针对新一代航空航天产品的制造，机器人作业装备体现出大型结构件的制造效率低、作业状态在线检测能力弱、作业规划与离线编程准确度低、作业柔性和可拓展性较差等不足，严重制约了机器人作业装备加工精度与质量的进一步提高。因此，在保障作业精度的基础上，应不断创新作业模式，攻克关键技术，以满足航空航天制造机器人作业装备协作化、智能化和柔性化的技术需求。以下 4 条为面向航空航天制造的机器人作业关键技术的发展趋势。

3.1.3.1 机器人集群化

航空航天大型复杂构件设计、制造和测量等关键技术已列入制造业重点发展领域的优先主题之一，其高精度、短流程和高柔性的制造特点对加工技术和装备提出了新的挑战。由于工件尺寸大，开发大型专用加工装备成本极高且利用率低，造成资源浪费以及生产成本剧增，迫切需要资源分散、快速重构的新制造模式和装备。高柔性、智能化的多机器人平台是实现离散型装备制造任务的有效手段，在适用性及可重构性上具有显著的优势。因此，多机器人集群化协同加工模式是未来大型构件加工的发展趋势，如图 3 - 7 所示，需要攻克的关键技术主要包括多机器人原位加工协同机制、多机器人协同任务规划、大场景自主移动单元精度控制、多激励源振动在线监测与抑制策略等。

图 3 - 7　集群化机器人系统

3.1.3.2 末端执行器智能化

随着机器人作业任务呈现出产品结构复杂、开敞性差、材料体系多的特点，对末端执行器的加工环境状态感知与作业状态的监控能力提出了更高的要求，末端执行器将不仅仅是作业执行装备，同时应支持机器人控制系统对作业状态的在线精确把控与智能决策。因此，研制智能末端执行器是实现智能化作业的必由之路，未来的研究重点应该从多传感器集成策略、多源感知信息融合处理、多功能组件模块化设计、结构轻量化及小型化优化这几个方面开展。

3.1.3.3 任务规划在线动态化

作业任务在线动态规划是提升机器人智能化、复杂作业柔性与加工精度的新途径，通过实际工况的实时感知和产品的在线测量，智能识别复杂产品因制造、装配和装夹产生的形位误差，并在预设加工程序基础上进行任务的动态重规划，实现控制指令的实时调整和修正，解决传统自动化设备对产品装配误差适应性较差的问题。需要重点攻关的技术点包括在线主动感知任务设计、特征提取与误差识别、动态自适应规划算法等。

3.1.3.4 作业人机协同化

即使机器人装备在高精度复杂作业任务中越来越广泛地投入应用，但受到传统工业机器人自身结构与执行机构的性能限制，仍然无法满足全部复杂产品的制造要求。人机协作模式（见图 3－8）就是将机器人作为人类的助手，在不分隔、无护栏的环境下，由人类负责柔性、触觉和灵活性要求比较高的工序，同时利用机器人快速、准确的特点来负责完成重复性工序，实现优势互补。人机协作已经成为解决传统工业机器人难以应对高效率、柔性化和复杂作业难题的有效新途径，其研究重点主要包括机器人拖拽示教控制、机器人关节碰撞检测、机器人接触力感知与控制、机器人行为设计与自主学习等。

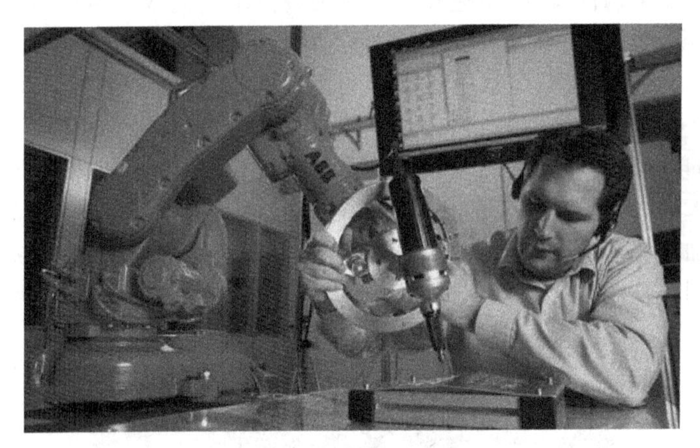

图 3－8　人机协作机器人

3.2 机器人在汽车/轨道交通制造领域的应用

据统计，目前 60％以上的工业机器人应用于汽车制造领域，主要完成弧焊、点焊、装配、搬运、涂漆、码垛等复杂作业（见图 3－9）。我国正处于汽车拥有率飞速增长的时期，现代汽车工业的发展不仅需要更多的机器人来替代人工劳动，而且对机器人的控制精度及智能水平提出了更高的要求。

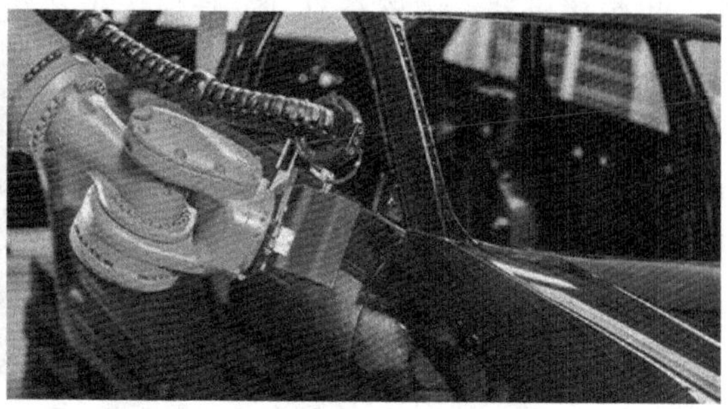

图3-9 工业机器人在汽车领域中的应用

3.2.1 机器人搬运

为了提高自动化程度和生产效率，制造企业通常需要快速高效的物流线来贯穿整个产品的生产过程，搬运机器人在物流线中发挥着举足轻重的作用。在汽车装配线中，根据汽车工件的不同性能、不同形态和不同的安装状态，不同型号的机器人需要按照运行规则执行不同的程序，从而快速、准确地确定工件位置，并选择合适的部位抓取工件，将其稳定且准确地搬运到指定位置，同时还能最大程度上避免零件受到损伤。例如，在自动柔性搬运系统中利用工业机器人(见图3-10)，可以使用相应的视觉系统标出摄像头画面当中工件的位置和工业机器人的点位关系，准确地判断无清晰定位的工件的位置。机器人在接收到视觉系统发送的位置信息之后，会根据工件的类型和特征进行定位，并自动设置参数，从而快速、准确地抓取工件并进行搬运。

图3-10 搬运机器人的应用

3.2.2 机器人焊接

在汽车的生产过程中，点焊技术的应用具备重要的实践意义，可结合不同的运行程序安装焊枪，焊接汽车车身的不同部件和位置，确保焊接操作的精确性控制在±0.25 mm的范围当中。

白车身的生产要在55～75个工位上大批量、快节奏地焊接而成，焊接点多达4 000～5

000 个。以焊接机器人为核心的白车身焊接生产线正朝着高度自动化、多品种混流生产以及大规模定制生产线的方向发展(见图 3-11)。德国 KUKA 公司为奔驰、大众、宝马、福特等整车企业研制的大型自动化白车身焊接生产线,生产线上的机器人占有率高达 95%,甚至 98% 以上;意大利 Comau 公司在多车型混装焊接生产线方面处于领先地位,研制的主焊接线合装平台可同时生产 4 种以上不同的车型,具有高度柔性化。

图 3-11　白车身焊接机器人

焊接作为轨道交通装备制造的关键一环,也大量使用焊接机器人(见图 3-12),用以保证焊接过程的稳定、改善操作工的职业健康条件、提升生产效率、降低生产成本。

图 3-12　轨道交通焊接机器人的应用

3.2.3　机器人喷涂

工业机器人的喷涂工作包括喷漆和涂胶两个部分,在合理地利用车身材料的化学性质和物理性质的基础上,按照不同的厚度和形状,在减震部位和密封焊接部位涂胶,并且向汽车的车身表面喷漆,保证车身的喷漆光滑且匀称(见图 3-13)。

图 3－13　机器人喷涂

例如，利用工业机器人对汽车的挡风玻璃部位进行自动涂胶系统的应用时，利用 PLC 传输玻璃，将控制指令输送到执行元件部分，实现玻璃的固定、对中和夹紧操作，等待工业机器人进行涂胶操作。在涂胶指令执行完成之后，立刻装配车窗玻璃，在 15 min 的时间内快速地安装上汽车的车身玻璃，再利用玻璃胶黏牢玻璃和车身的铂金，然后施加适当的外力按压黏结部位，如果玻璃胶没有出现溢出情况，就需要使用浮起密封条进行控制，确保压平的玻璃胶厚度处于 4～8 mm 的范围之内。

马丁路德公司的摩托车发动机装配线由 2 台 FANUC R－2000iB 机器人组成(见图3－14)，实现了连杆、曲轴、活塞、缸盖、缸体的自动化传送和装配。装配线的托板化设计和机器人的更换工具装置极大地提高了装配工效。同时，该装配线采用视觉系统确保零件精确到位，采用力控软件模仿人的触觉，以适当的力度不断轻推零件，使其以很小的接触力滑入就位，保证工件不会被碰伤。

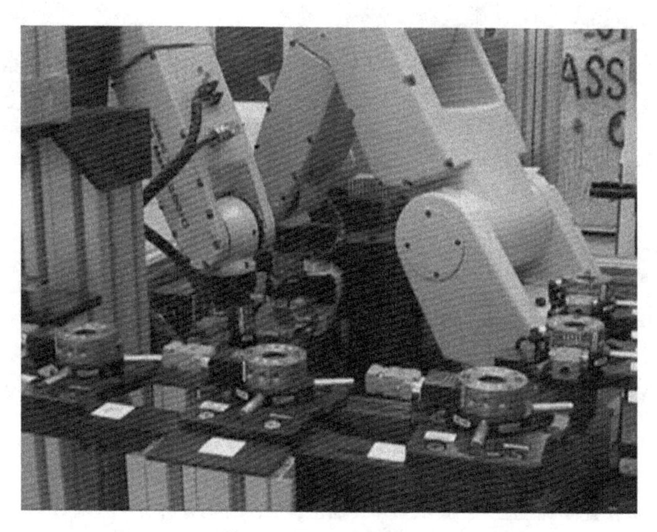

图 3－14　基于机器人的摩托车发动机装配

3.3 机器人在电子制造领域的应用

目前，我国用于电子电气行业（包括通信行业）的工业机器人约占机器人总数的10％～15％，主要包括负责电子电气及机械焊接工作的焊接机器人，应用于柔性搬运、传输等方面的移动机器人，用于电子电气产品及其组件装配的装配机器人。随着当前电子行业的快速发展，高尺寸精度、高表面质量、高性能的精密结构件在消费电子、通信设备等领域应用越来越广泛。高精度机器人控制在实现电子产品及其组件的高精度、高效率生产，满足其加工组装日益精细化的需求方面都有广泛的应用。

3.4 机器人在精密仪器加工领域的应用

现代光学成像系统需要各种非球面，甚至是自由曲面的光学元件，上述精密光学元件在消像差、减小系统体积和质量等方面有着巨大的优势，然而其加工困难、加工效率低、成本高。能够完成自由曲面加工的精密机床需要5个联动轴，其成本高且尺寸需要大于加工元件。通过工业机器人代替高精密五轴机床来降低制造成本是目前自由曲面光学元件加工值得研究的一个方向。然而，将机器人用于光学元件加工，仍存在安全隐患与定位精度两方面问题。

基于柔性加工理念，在末端执行器与机器人间设计上下伸缩结构，并通过控制加工时间来控制去除量，设计并制造了适合工业机器人研磨抛光的工具。这些工具通过弹簧或气缸[见图3-15(a)(b)]实现“柔性”并提供压力，通过万向节或球铰允许工具不必严格垂直于镜面表面。工具头可以是沥青、聚氨酯或丸片，如图3-15(c)(d)所示。基于机器人的加工系统成功将一块自由曲面反射镜PV值由28 μm缩小到13 μm，加工的实物形面变化如图3-15(e)～(h)所示。

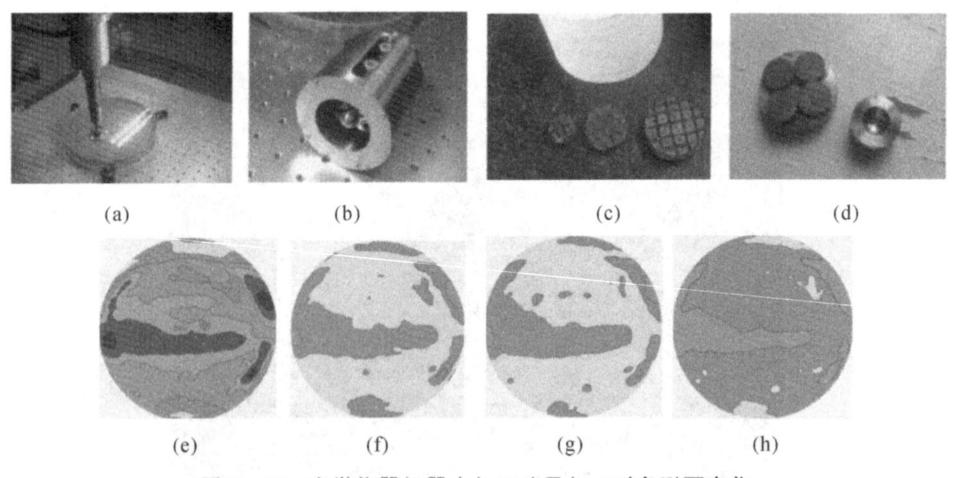

图3-15 光学仪器机器人加工头及加工对象形面变化

(a) 弹簧转子工具头；(b) 气缸平转动工具头；(c) 沥青磨头；(d) 丸片磨头；
(e) 初始图形；(f) 40 h后；(g) 60 h后；(h) 80 h后

中　篇

基于 DELMIA 软件的工业机器人运动建模及仿真技术

第4章 工业机器人运动仿真软件介绍

DELMIA是Digital Enterprise Lean Manufacturing Interactive Application的缩写，译为数字化企业精益制造集成式解决方案。该软件是法国达索公司研发的一款数字化企业的互动制造应用软件，是一个集设计、制造、维护、人机过程于一体的仿真平台，从单个的设备单元、生产线、工厂物流到整个生产过程，为企业提供集成和协同的数字制造解决方案，在航空、航天、汽车以及船舶等方面应用十分广泛。

4.1 DELMIA软件背景

达索公司是全球首要的产品全生命周期(Product Lifecycle Management，PLM)软件生产商，为企业提供了一整套数字化设计、制造、维护以及数据管理的PLM平台，建立数字化企业，创建、仿真从概念设计直到产品维护的整个产品生命周期过程。DELMIA是达索系统内部的面向制造过程(维护过程、人机过程)的平台子系统，通过统一的PPR(产品/工艺/资源)数据通道，将整个PLM解决方案贯穿成一个有机的整体，如图4-1所示。

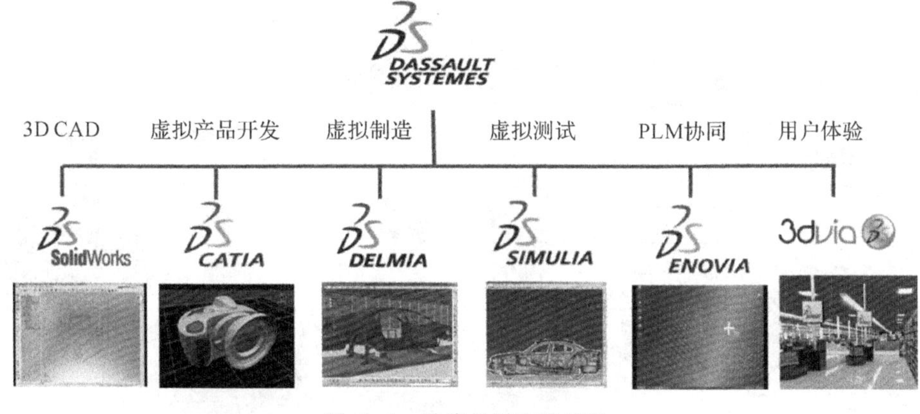

图4-1 达索公司产品系列

在产品研制中，产品研发部门基本上实现了3D CAD产品设计，且生产现场也大量采用自动化设备(现场总线、PLC)，而占产品研发40%～60%时间的工艺规划环节的设计手段却最为落后。DELMIA软件提供目前市场上最完整的3D数字化设计、制造和数字化生产线解决方案，能够完成3D作业指令生成、产品质量控制、3D工厂布局、生产线设计、生产计划、3D工艺资源规划、3D总工艺计划和工艺审查等生产工艺过程的设计规划(见图4-2)，能够提升工艺设计部门的核心能力，是沟通产品设计研发和制造生产的关键环节。

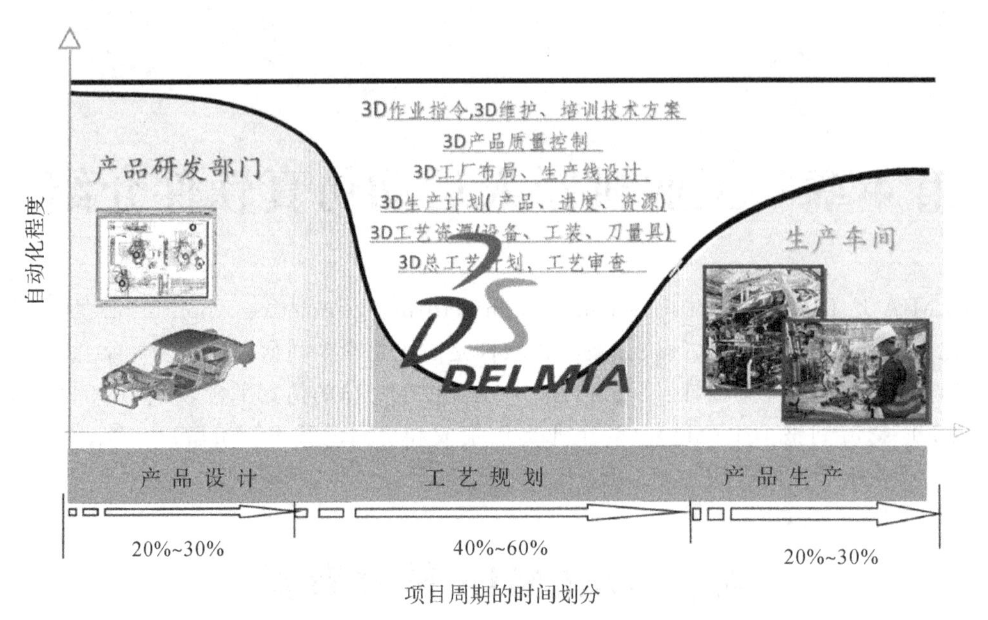

图 4-2　工艺规划在产品研发中的作用

DELMIA 数字制造解决方案建立于一个开放式结构的产品-工艺-资源(Product-Process-Resource,PPR)数据协同运作模型，此模型使得在整个研发过程中可以持续不断地进行产品的工艺生成和验证，使用户可以利用数字实体模型完成产品生产制造工艺的全面设计和校验，有效地实现从“数字样机”到“数字制造”的延伸，如图 4-3 所示。

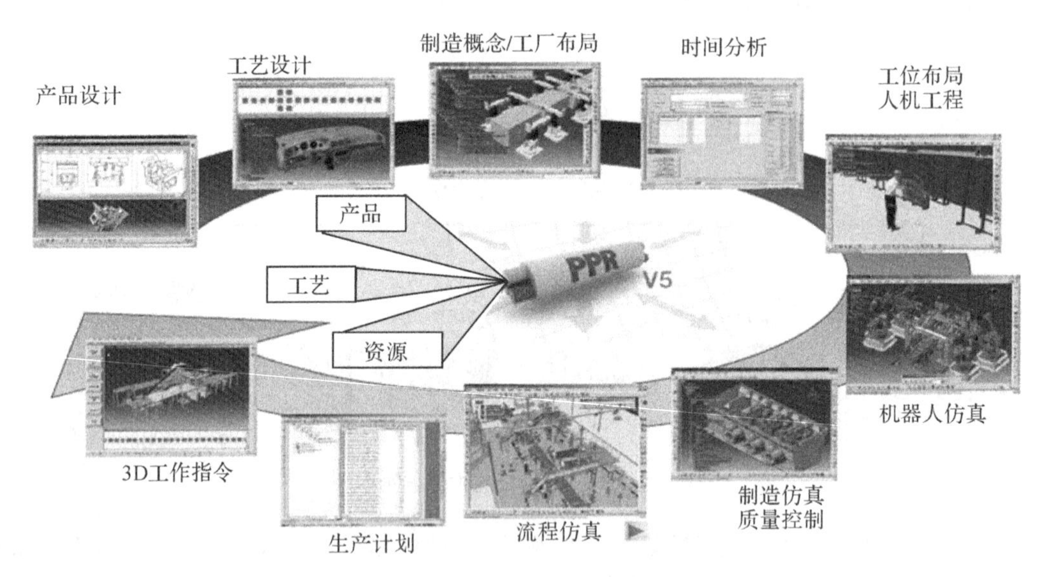

图 4-3　DELMIA 在产品全生产周期中的应用

以汽车制造为例，DELMIA 软件能够完成包括白车身焊接、冲压、动力总成零件制造和装配、喷涂、物料运输、汽车总装等不同装配工艺分析(见图 4-4)。

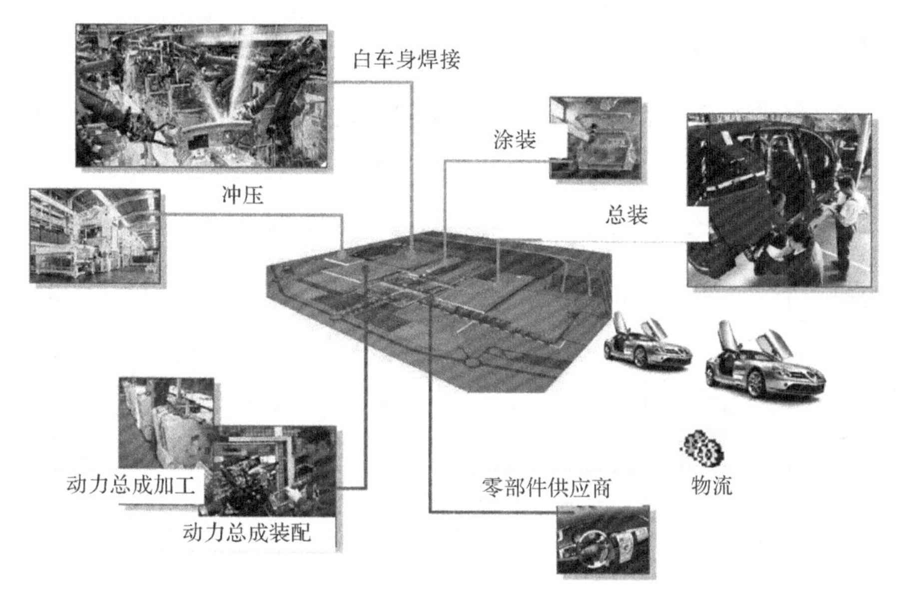

图4-4 DELMIA在汽车制造中的应用

4.2 PPR数据协同运作模型

产品制造工艺设计过程中主要涉及三类对象:产品(Product)、工艺(Process)、资源(Resource),这三类信息贯穿于整个工艺设计过程当中。产品对象定义了工艺设计的对象,即"What";工艺对象定义了如何实现产品的加工,即"How";资源对象定义了采用什么资源来实现产品对象的加工,即"By What"。通过对工艺设计过程中涉及的信息进行分析,建立了如图4-5所示的产品-工艺-资源对象模型。

4.2.1 产品对象

针对产品制造工艺设计,产品对象指所要加工的零件以及工艺设计过程中产生的工序模型。零件信息包括零件编号、零件名称、产品代号、数量和零件版次等。工序模型表达了加工工序的加工结果,与传统的二维工艺设计中的工序图相对应。工序模型下面包含本道工序所要加工的加工特征。加工特征是指工序模型上一个具有语义的几何实体,它描述了模型上的材料切除区域,表达一个加工过程的结果。

4.2.2 工艺对象

工艺对象指零件加工的工艺设计信息。工艺设计信息描述零件从毛坯模型到设计模型的加工过程。工艺对象主要包括工艺、工序、工步,一个零件对应一份工艺规程,工序是指采用一台设备连续完成的加工集合,工步是指采用一把刀具连续完成的切削过程。加工操作是指一个或多个相同的加工特征的一次切削过程。

4.2.3 资源对象

资源对象是指制造资源信息。针对加工工艺设计，制造资源主要包括机床、夹具、刀具和量具等。

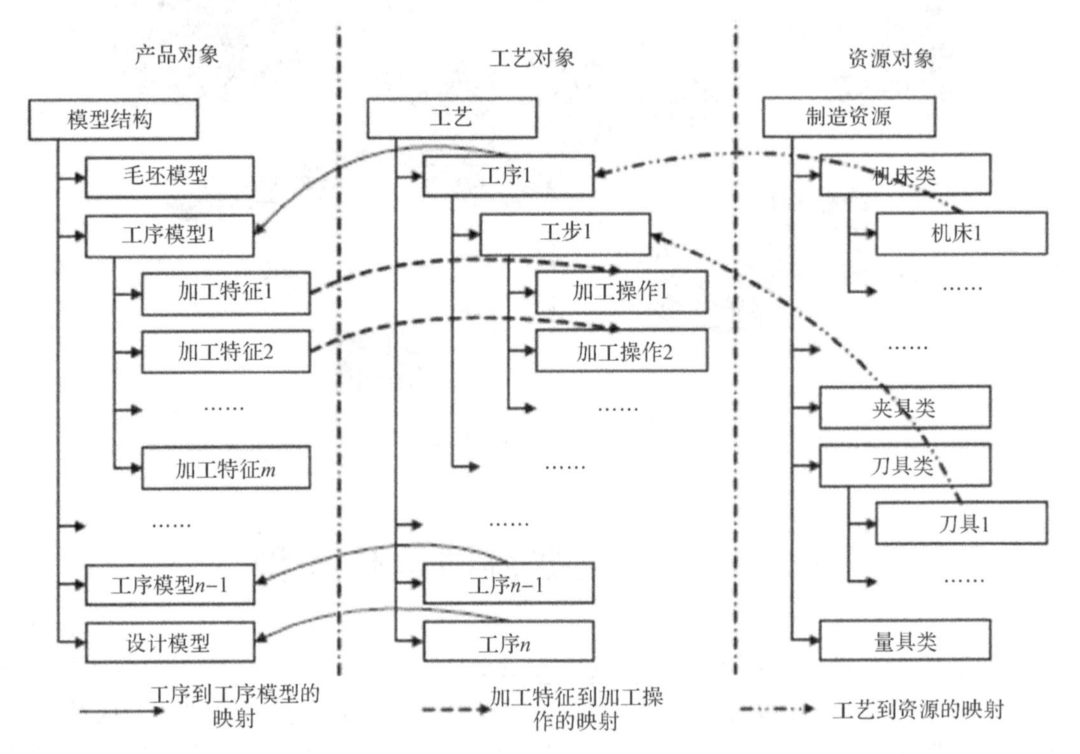

图 4－5　产品-工艺-资源对象模型

在产品-工艺-资源模型当中，工艺是其中的核心，它将产品对象、工艺对象和资源对象联系起来。特征的加工操作将产品对象与资源对象关联起来，而工序对应机床，工步对应刀具，从而将工艺和资源关联起来。

4.3 DELMIA 体系结构

DELMIA 是达索 PLM 的子系统，但是其本身又是一个结构庞大、面向部门的系列解决方案集合，包含大量子模块：

(1)面向制造过程设计的 DPE。

(2)面向物流过程分析的 QUEST。

(3)面向装配过程分析的 DPM。

(4)面向人机分析的 Ergonomics。

(5)面向机器人仿真的 Robotics。

(6)面向虚拟数控加工仿真的 VNC。

4.3.1 DPE 工艺工程模块(DELMIA Process Engineer)

DELMIA DPE 工艺工程模块是进行工艺和资源规划的一个强有力的工具,可以早期发现工艺风险、重复使用已验证过的工艺、追踪变更与决策、获取分散的工艺知识。对于产品、工艺与制造资源数据(包括工厂布置)之间关系的全面性处理,有助于避免规划错误,以及在制定工艺的初期,取得所需投资成本、制造空间及所需人力要求的一个准确的概览。该模块的优势如下:

(1)提供一个结构性的方法,在规划阶段初期,通过考虑所有与工艺相关的成本,并分析可能的替代方案,系统地引导出一个最佳的解决方案。

(2)重用已经验证过的工艺,降低了风险。

(3)支持多用户,缩短了规划时间。

(4)基于统一的产品-工艺-资源模型结构组织每个规划项目,可以方便地配置项目结构。

(5)客户化用户界面与报表格式,满足用户要求。

(6)为所有项目提供相同的规划环境。

(7)提供规划记录的历史文档。

(8)实时地将数据变更反馈给所有的用户。

(9)可与 CATIA 及 ENOVIA 无缝集成,通过接口与其他的 CAD、PDM 系统集成。

4.3.2 QUEST 工厂物流仿真模块(DELMIA Quest)

DELMIA Quest 工厂物流仿真模块是针对工厂制造物流仿真与分析的一个完整的 3D 工具,为工业工程师与制造工程师和管理层提供了一个虚拟的协同开发环境,用于开发并验证最佳的制造流程。该模块的优势如下:

(1)可以对设备布局、资源配置、看板和生产计划表反复交替进行试验,仿真其效果。

(2)改进设计,降低风险与成本,最大化生产效率,确保了准确性与收益。

(3)能有效地将结果展示给客户、管理者或其他不同工程领域的人。

(4)提供单一的模型,能与现行的设计工具集成。

4.3.3 DPM 装配模块(DELMIA DPM Assembly)

DELMIA DPM 装配模块是针对制造与维护工艺开发的,可以提供一套新的工艺规划与验证的解决方案。DPM 装配模块提供先期规划、细节规划、工艺验证及车间现场指令的单一及统一的界面,提供给制造工程师和装配工艺工程师一个端到端的解决方案。该模块的优势如下:

(1)以图形化的方式,建立、显现、检验与修改制造工艺。

(2)可以轻松地建立机械装配的约束,自动定位零件,检查装配的紧密程度。

(3)利用 3D 工具优化制造工厂与现场工作单元的布局。

(4)确定产量,预估成本。

(5)使用类似 VCR 的界面,回放整个装配工艺仿真过程。

(6)读取 DELMIA Process Engineer 中生成的工艺规划。

(7)与 DELMIA Human 人机工程模块配合使用,来分析与优化现场工作人员的操作。

4.3.4 Ergonomics 人因工程设计与分析模块(Ergonomics Design&Analysis)

Ergonomics 人因工程设计与分析模块是 DELMIA 中做得比较出色的一个部分,它可以按照用户要求建立起不同性别、不同比例的人体模型,并带有详细的人体分析,对人体的各种主要工作的动作进行模拟,也可以模拟人在不同工作姿态下的舒适程度和活动范围。

Ergonomics Design&Analysis 模块提供了人体任务仿真与人因分析的相关工具,理解、优化人体与其所制造、安装、操作与维护的产品或资源之间的关系。汽车、航空航天及重工业的制造商,均可将人机工程模块解决方案运用于其产品的设计及开发,并从中获益。这些企业中的佼佼者更是最早使用这些先进技术用于分析从事制造、安装、操作、维护工作的人员的能力和局限的群体。该模块可以量化人因因素,在以下方面为企业带来价值:

(1)通过国际研究(专属的或一般的)或企业内的知识积累来生成企业自己的智能财产。

(2)确保适当的人机功效为设计者所使用。

(3)建立一个通用的人体模型文件格式,在整个企业内使用人因知识,而非局限于工程与制造部门。

(4)在产品生命周期的早期就引入人机工程学的概念,可节省用于处理人机工程方面问题的时间。

(5)更快、更好、更经济地生产产品。

4.3.5 Robotics 机器人模块(DELMIA Robotics)

DELMIA Robotics 机器人模块利用强大的 PPR 集成中枢快速进行机器人工作单元建立、仿真与验证,是一个完整的、可伸缩的、柔性的解决方案。使用此模块,用户能够容易地做到以下几点:

(1)从可搜索的含有超过 400 种以上机器人的资源目录中,下载机器人和其他的工具资源。

(2)利用工厂布置规划工程师所完成的工作。

(3)加入工作单元中工艺所需的资源,进一步细化布局。

4.3.6 虚拟 NC 模块(DELMIA VNC)

DELMIA 虚拟 NC 模块针对 NC 机械加工工艺提供快速评估、验证与优化,以及完整的数字制造解决方案。该模块的优势如下:

(1)能够以离线方式,快速、有效地验证 NC 代码。

(2)可以改善零件品质。

(3)节省资源和时间。

(4)增加机床利用率。

(5)减少工程变更。

4.4 DELMIA 在各工业领域中的应用

目前，DELMIA 在国内外广泛应用于航空航天、汽车、造船等制造业支柱行业，其中，在航空业中的典型用户有波音、空客、成飞、郑飞、西飞、上飞、六〇三所等。其在各领域的典型应用模块见表 4－1。

表 4－1　DELMIA 在各领域应用的典型模块

应用领域		DELMIA 子模块
航空制造	机身制造	DELMIA Process Engineer、DELMIA Robotics、DELMIA DPM Assembly、DELMIA Quest、DELMIA Human
	机身装配	DELMIA Process Engineer、DELMIA Virtual NC、DELMIA DPM Assembly、DELMIA Robotics、DELMIA Quest、DELMIA Human
船舶制造	建造战略	DELMIA Process Engineer、DELMIA DPM Assembly
	制造	DELMIA Virtual NC、DELMIA Robotics
	装配	DELMIA DPM Assembly、DELMIA Human
	舾装	DELMIA DPM Assembly、DELMIA Human
	仿真	DELMIA Envision/Ergo
汽车制造	白车身	DELMIA Process Engineer、DELMIA Cell Control & Monitoring、DELMIA DPM Body－in－White、DELMIA Quest、DELMIA Robotics、DELMIA Human、DELMIA Inspect V5
	喷漆	DELMIA Ultra Paint
	动力总成加工	DELMIA DPM Machining、DELMIA Inspect V5、DELMIA Virtual NC、DELMIA Human、DELMIA Quest、DELMIA DPM Powertrain
	动力总成装配	DELMIA Process Engineer、DELMIA Human、DELMIA Quest
	总装	DELMIA Process Engineer、DELMIA Quest、DELMIA DPM Assembly、DELMIA Robotics、DELMIA Human、DELMIA Cell Control & Monitoring

4.4.1 DELMIA 在船体分段装配中的应用

针对船体分段虚拟装配的过程，主要是对装配过程中的每一步操作进行细化和分析，从而明确装配方案[6]。将装配方案导入虚拟环境内，模拟装配过程中所涉及的零部件、装配工具和施工人员的运动情况，对零部件的装配序列进行规划，并对各个零部件之间或者零部件与装配工具之间是否存在干涉现象进行检测，从而评估装配方案的可行性。使用 DELMIA 仿真软件对虚拟装配技术进行研究，船体分段的虚拟装配流程如图 4-6 所示。

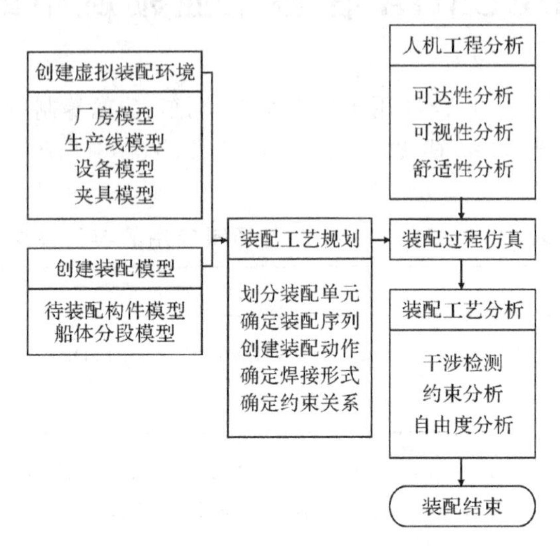

图 4-6　船体分段的虚拟装配流程

虚拟装配技术是在 DELMIA 仿真软件内进行的，因此应在 DELMIA 仿真软件内对制造过程中所涉及的工艺信息进行提取，并按照系统界面的布局形式对其进行分类处理。以装配序列和运动路径为依据，通过虚拟装配技术对船体分段的制造过程进行验证后，生成制造仿真视频文件。根据制造过程中所涉及的工位信息，在 DELMIA 仿真软件内进行虚拟动画的制作后，施工人员就能够根据工位的划分，查看各工位的虚拟动画。之后，在将完成分类的工艺信息和虚拟动画嵌入系统的初始界面后，对系统界面进行渲染处理，以满足施工人员的视觉要求。嵌入虚拟动画的流程如图 4-7 所示。

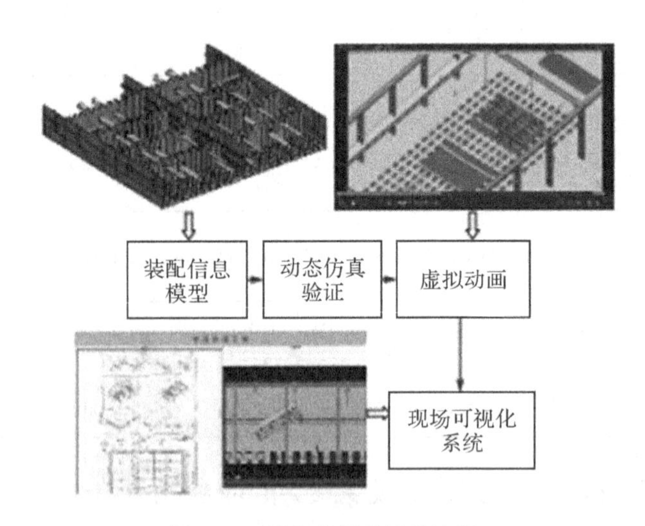

图 4-7　嵌入虚拟动画的流程

现场可视化系统可以通过造船厂的内部网络，将船体分段在制造过程中所涉及的全部信息传送到生产现场，施工人员可以在生产现场通过使用终端设备，在现场可视化系统内查询船体分段的生产设计信息、构件详细信息、装配工艺信息、施工图纸和虚拟动画等，全面直观地了解船体分段的制造过程，从而减少了施工人员因理解偏差而产生的操作错误，提高了船体分段在制造过程中的工作效率，缩短了船体分段的建造周期，实现了生产现场的无纸化办公。

4.4.2　DELMIA 在航空发动机中的应用

传统的航空发动机装配工艺基本都是采用二维工艺规划，现场的装配工作也都是由人工方式来完成的，因此经常会出现碰撞干涉现象、装配工艺规划不合理、装配工人不易操作等一系列问题。采用基于 DELMIA 的虚拟装配仿真，提前对航空发动机装配工艺进行验证，改进不合理的装配工艺，可以有效避免在实际装配中可能会出现的问题，提高工人的装配效率。

航空发动机各单元体的虚拟装配总成仿真在 DELMIA 中的 DPM 模块下实现[7]。将上述建立的产品及资源等模型分类集成到子模块下的 PPR 装配模型树中，搭建虚拟装配总成仿真平台，在 PPR 工艺结构树下完成装配工艺规划。装配工艺则需规划航空发动机各单元体的装配序列和装配路径。装配序列关系图如图 4－8 所示。完成装配顺序规划后，需生成各单元体从装配起始点到装配结束点的无干涉空间运动轨迹，以生成路径过程点位，实时观察各点位中单元体之间是否会产生干涉来调整点位位姿，并对每个点位与各单元体进行互相约束，添加过程必要的过渡点，以得到无干涉的装配路径。

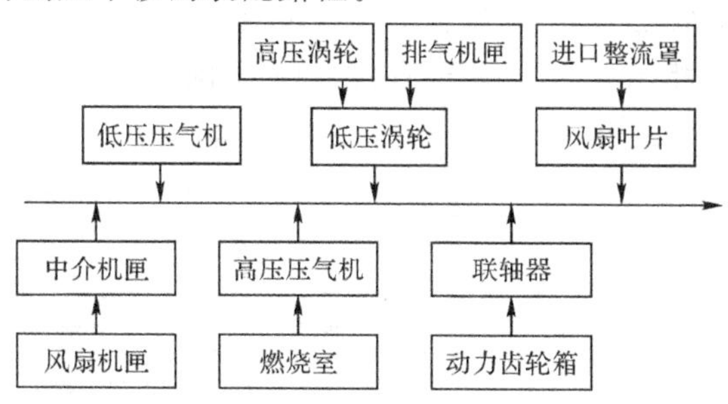

图 4－8　装配序列关系图

在实际装配工作时，不允许发生碰撞干涉。需要对航空发动机单元体虚拟装配总成仿真进行静态和动态的干涉检查，静态干涉检查用来验证上述航空发动机各单元体数模尺寸设计是否合理，动态干涉检查用来检测其各单元体在仿真过程中是否发生碰撞干涉。在 DPM 仿真过程中，若有碰撞发生则屏幕会高亮显示并停止仿真，验证装配工艺设计与规划的合理性（见图 4－9）。

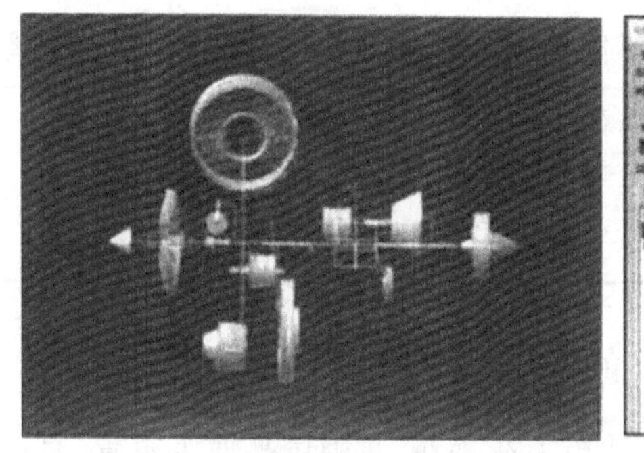

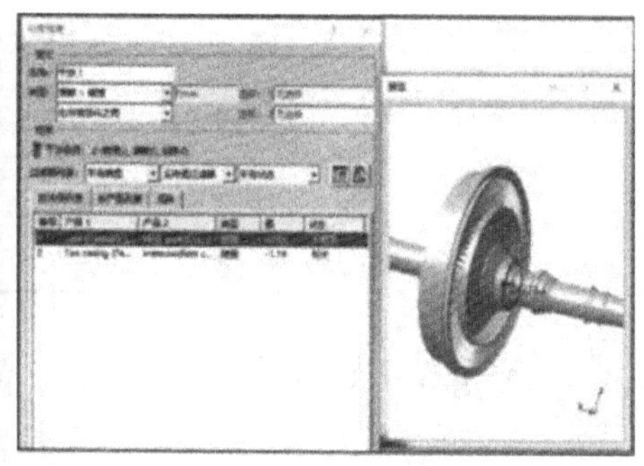

图 4－9　总体虚拟装配仿真及干涉检查结果

同时，可以在 Ergonomics 模块下创建工人模型，设定人体参数性能，规划人机任务工艺，依靠关键帧融合方法来模拟工人在工位工艺步骤中的全部连贯复杂动作姿势来进行人机工程仿真。可以结合人机工程技术，分析工人全部工作步骤过程中的视觉匹配度、肢体工作空间和疲劳易感度，优化不合理工艺。

4.4.3 DELMIA 在飞机制孔中的应用

机器人自动化制孔系统在航空产品表面(如机翼蒙皮、机身壁板)上进行制孔，能够显著提升飞机装配效率、质量和一致性，然而，机器人系统装配过程涉及复杂的运动，末端本身有多个驱动轴，运动过程中很容易与产品或工装发生碰撞干涉，且机器人路径对制孔效率影响大，对机器人仿真和离线编程具有较高的要求[8]。对此，基于 DELMIA 软件及其二次开发的新型机器人制孔离线编程方法，开发了一套更加简单、快捷的离线编程系统。该系统涵盖机器人制孔的完整工艺流程，包括制孔点位坐标系生成、基准孔映射、制孔路径规划及离线代码生成等功能。

上述系统通过点位法向生成、坐标系转换、YPR 角设定、夹层厚度计算实现机器人制孔点坐标系自动生成(见图 4-10)，解决传统手工选点效率低的问题。建立自动生成制孔路径规划算法，实现了对不同的情况采用不同的算法进行路径优化。应用该系统后，飞机制孔机器人系统仿真和离线编程效率相比于目前航空领域常用的美国 EI 公司系统得到了极大的提升(见表 4-2)。

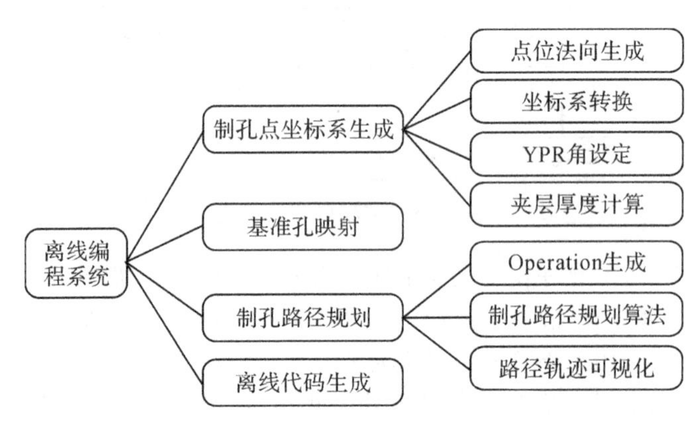

图 4-10 离线编程系统总体架构

表 4-2 采用不同系统效率对比 单位：s

系 统	法线计算	坐标生成	路径规划	离线代码生成与仿真
EI 系统	120	240	300	15(无压力角动作模拟)
本系统	5	10	10	30(含压力角动作模拟)

4.4.4 DELMIA 在轨道交通中的应用

高铁、动车、地铁转向架产品零部件众多，结构十分复杂，装配质量要求很高，目前各主机厂转向架装配仍包含大量人工工序，通过 DELMIA 软件建立了包含装配资源、产品、工装工具等在内的面向人机工程的转向架虚拟装配环境，按照转向架零部件装配工序，建立了人机装配作业任务仿真，利用 Human Activity Analysis 人机活动分析模块对工人各种典型作业姿态和装配行为进行分析，并对工作时间、可视性、可达性、舒适度等人机工程指标进行了分析，在此基础上，对装配资源布局、装配工艺过程进行调整，从而缩短了装配制造周期，降低了制造成本[9]（见图 4－11）。

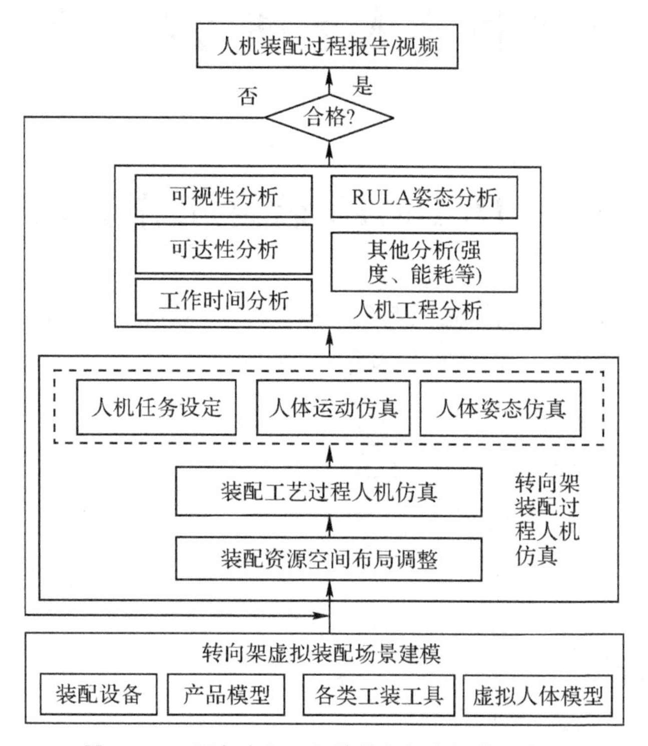

图 4－11　面向人机工程的转向架虚拟装配流程

第 5 章　工业机器人运动仿真软件操作基础

5.1　DELMIA 软件工作界面

双击打开 DELMIA V5 软件，进入其用户操作界面，界面主要包括标题栏、菜单栏、工具栏、指南针、P.P.R.模型树和工作区等，如图 5－1 所示。

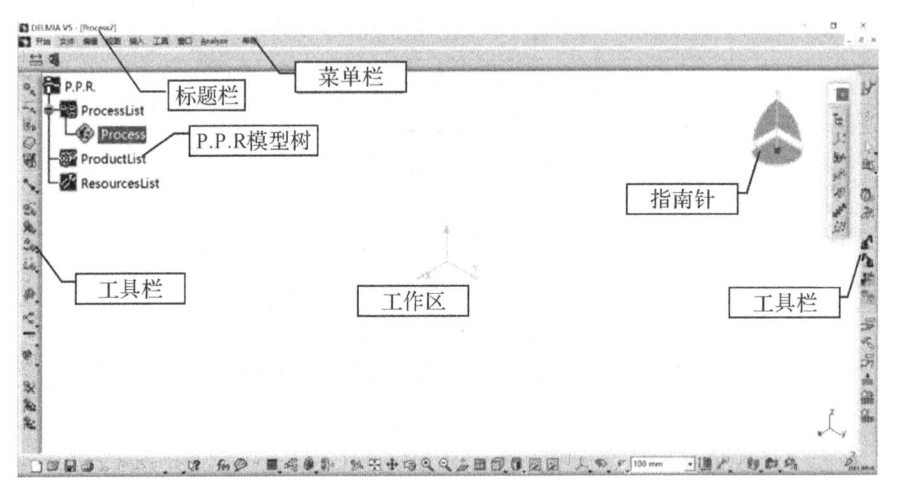

图 5－1　DELMIA V5 用户操作界面

5.1.1　菜单栏简介

菜单栏位于用户界面上方。系统命令按照性质分类，放置在不同的菜单中，如图 5－2 所示。

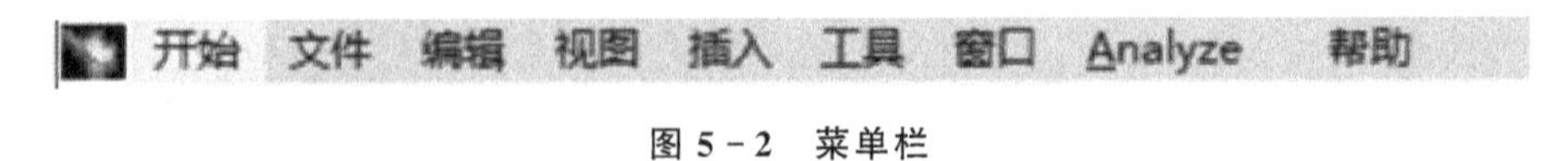

图 5－2　菜单栏

5.1.1.1　【开始】菜单

【开始】菜单如图 5－3 所示，该菜单包括【基础结构】【机械设计】【形状】【分析与模拟】等命令，并且每个命令中包括若干模块(图 5－3 中【DMU 运动机构】【装配设计】等为自定义常用模块，定义方法见 5.2.2 节）。

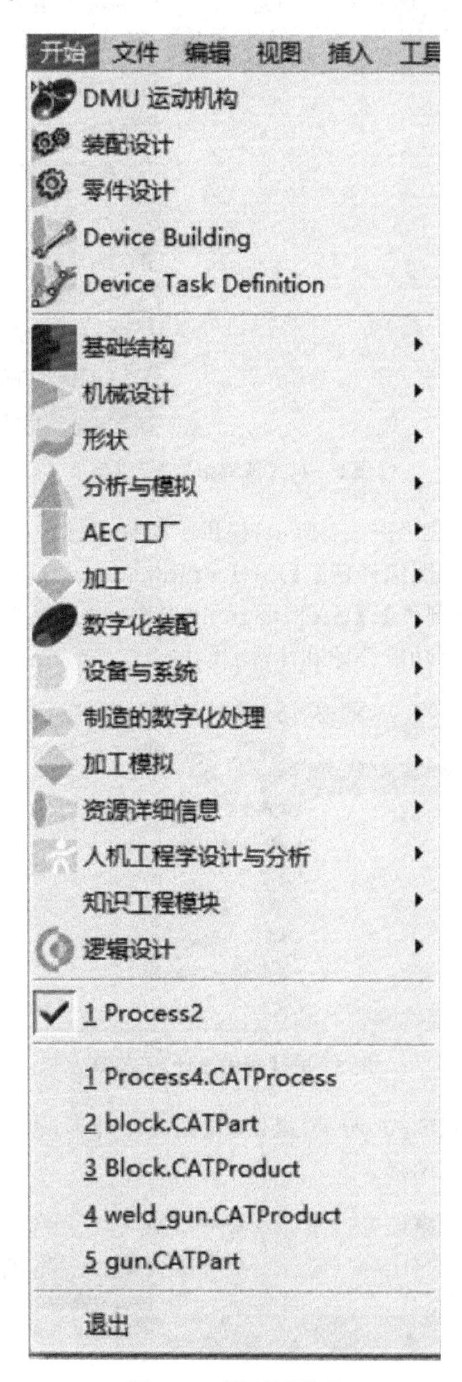

图 5-3 【开始】菜单

（1）【基础结构】子菜单，如图 5-4 所示，包括【产品结构】【材料库】【CATIA V4、V3、V2】【目录编辑器】【DELMIA D5 集成】【融入性系统助手】【实时渲染】【过滤产品数据】【特征词典编辑器】模块。

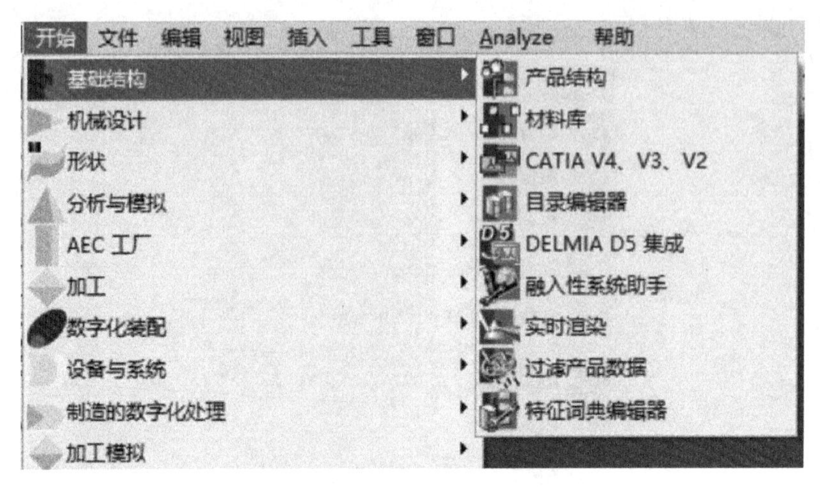

图 5－4 【基础结构】子菜单

（2）【机械设计】子菜单，如图 5－5 所示，提供了机械设计中所需要的绝大多数模块，包括【零件设计】、【装配设计】、【草图编译器】、【Product Functional Tolerancing & Annotation】（产品功能公差和注释）、【工程制图】、【CATDiagram 工作间】、【线框和曲面设计】、【Functional Tolerancing & Annotation】（功能公差和注释）模块。

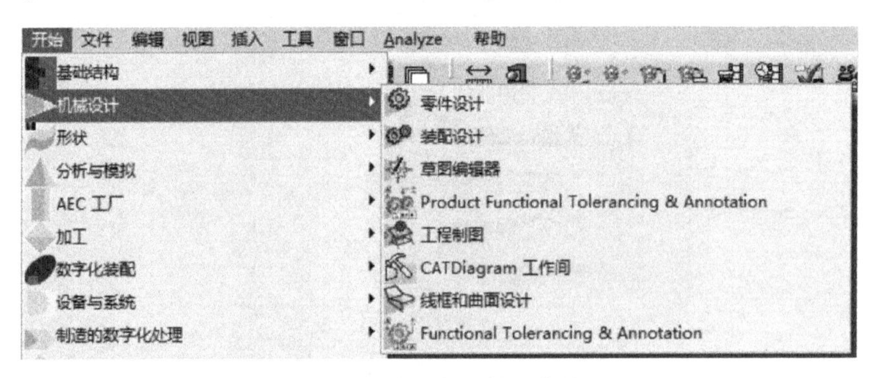

图 5－5 【机械设计】子菜单

（3）【形状】子菜单，如图 5－6 所示，提供了【创成式外形设计】模块。该模块使用户能够方便地构建、控制和修改工程图形。

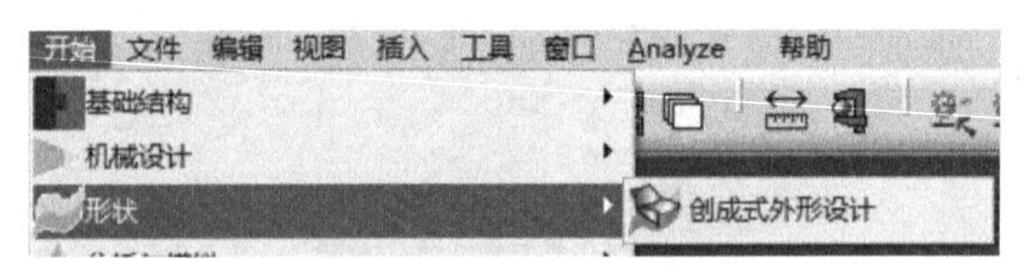

图 5－6 【形状】子菜单

（4）【分析与模拟】子菜单，如图 5－7 所示，可快速地对零件和装配件进行工程分析，可方便地利用分析规则和分析结果优化产品，包括【Advanced Meshing Tools】（高阶网格工具）、【Generative Structural Analysis】（创成式结构分析）模块。

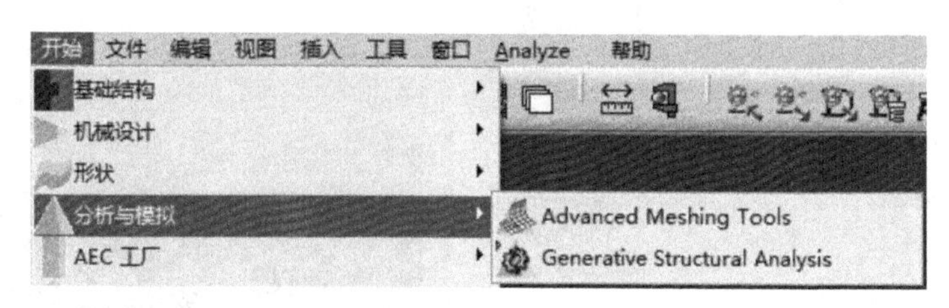

图 5-7　【分析与模拟】子菜单

(5)【AEC 工厂】子菜单，如图 5-8 所示，提供了【Plant Layout】(厂房布局设计)功能。该模块可以优化产品设备布置，从而达到优化生产过程和产品的目的。该模块主要用来处理空间利用和厂房内物品的布置问题，可快速实现厂房布置和后续工作。

图 5-8　【AEC 工厂】子菜单

(6)【加工】子菜单，如图 5-9 所示，包括【Lathe Machining】(车床加工)、【Prismatic Machining】(棱柱加工)、【Surface Machining】(表面加工)、【Advanced Machining】(高级加工)、【NC Manufacturing Review】(数控制造总览)模块。该菜单提供高效的编程能力及变更管理能力，相对于其他现有的加工方案，其优点表现在高效的零件加工编程能力、高度的自动化和标准化、高效的变更管理、优化刀具路径并缩短加工时间等方面。

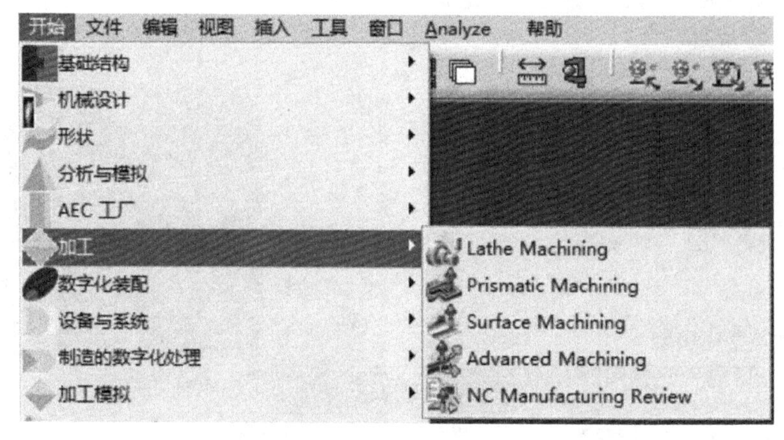

图 5-9　【加工】子菜单

(7)【数字化装配】子菜单，如图 5-10 所示，包括【DMU Navigator】(DMU 漫游器)、【DMU 空间分析】、【DMU 运动机构】、【DMU 配件】、【DMU 2D 查看器】、【DMU Fastening Review】(DMU 紧固审查)、【DMU Composites Review】(DMU 复合材料审查)、【DMU 优化器】和【DMU 公差审查】模块，提供机构的空间模拟、机构运动、机构优化等功能。

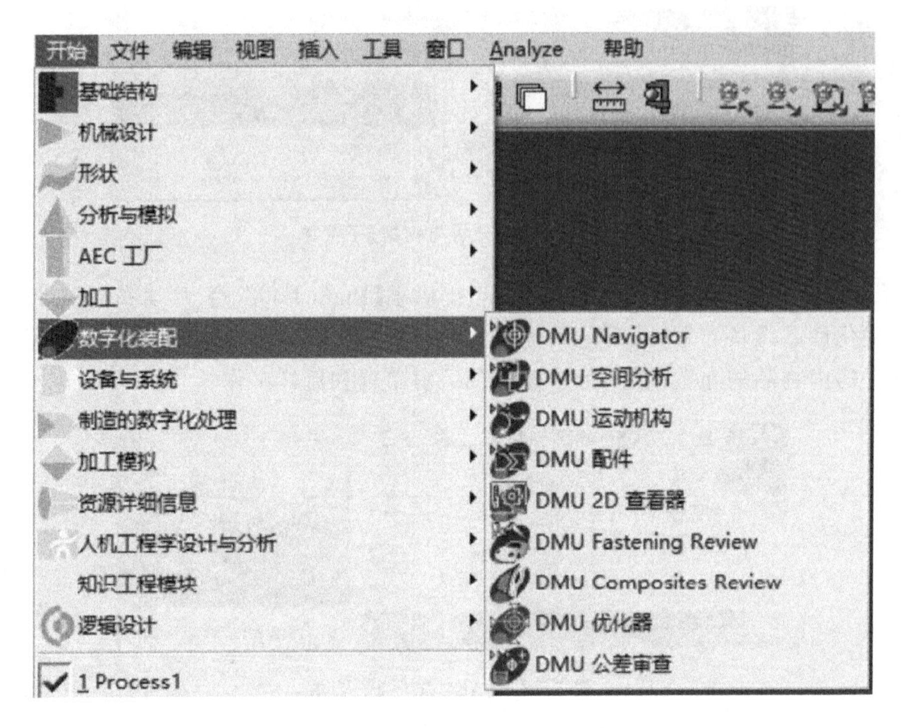

图 5－10 【数字化装配】子菜单

(8)【设备与系统】子菜单，如图 5－11 所示，包括【电气线束规程】和【多专业】模块，可以模拟复杂电气、液压传动和机械系统间的协同设计，以及集成、优化空间布局等。

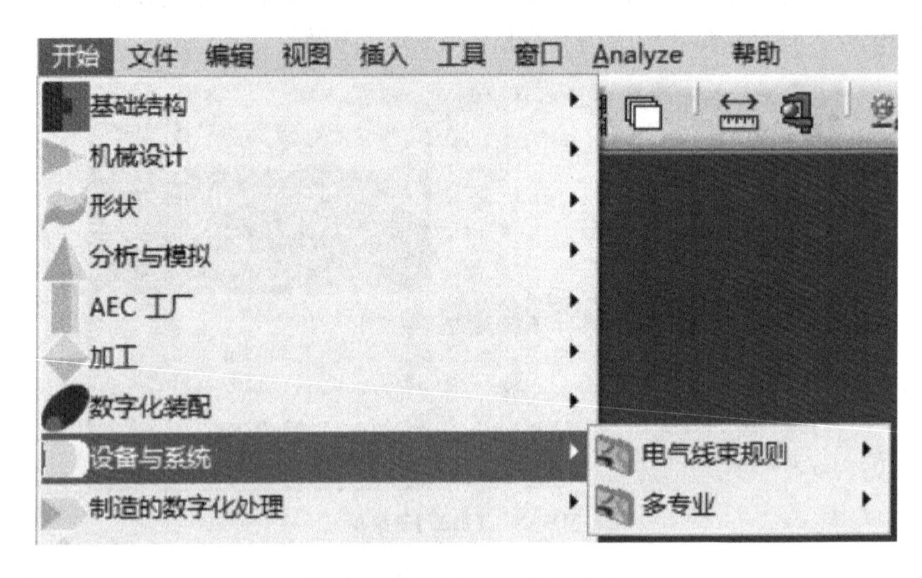

图 5－11 【设备与系统】子菜单

(9)【制造的数字化处理】子菜单，如图 5－12 所示，提供了在三维空间中对产品特性、公差和装配进行标注等一系列功能。

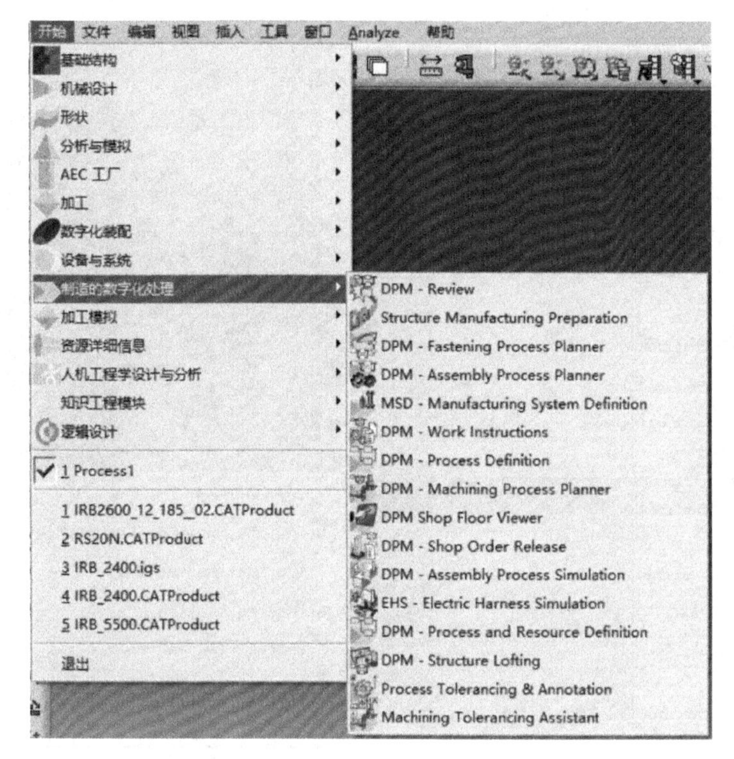

图 5-12　【制造的数字化处理】子菜单

(10)【加工模拟】子菜单，如图 5-13 所示，包括【NC Machine Tool Simulation】(数控机床仿真)和【NC Machine Tool Builder】(数控机床制造)模块。

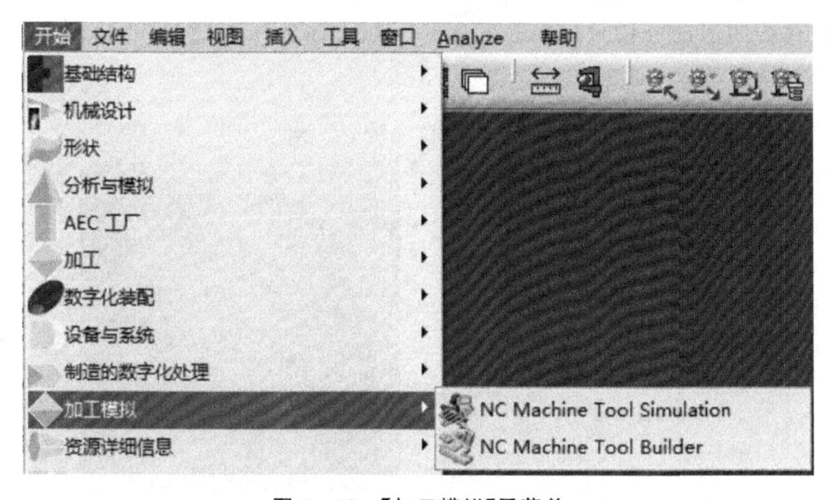

图 5-13　【加工模拟】子菜单

(11)【资源详细信息】子菜单，如图 5-14 所示，包括【Arc Welding】(弧焊)、【Robot Offline Programming】(机器人离线编程)、【Workcell Sequencing】(工作单元排序)、【Resource Layout】(资源分配)、【Device Task Definition】(设备任务定义)、【Production System Analysis】(生产系统分析)、【Device Building】(设备制造)模块，此部分为机器人仿真过程中主

要应用的模块。

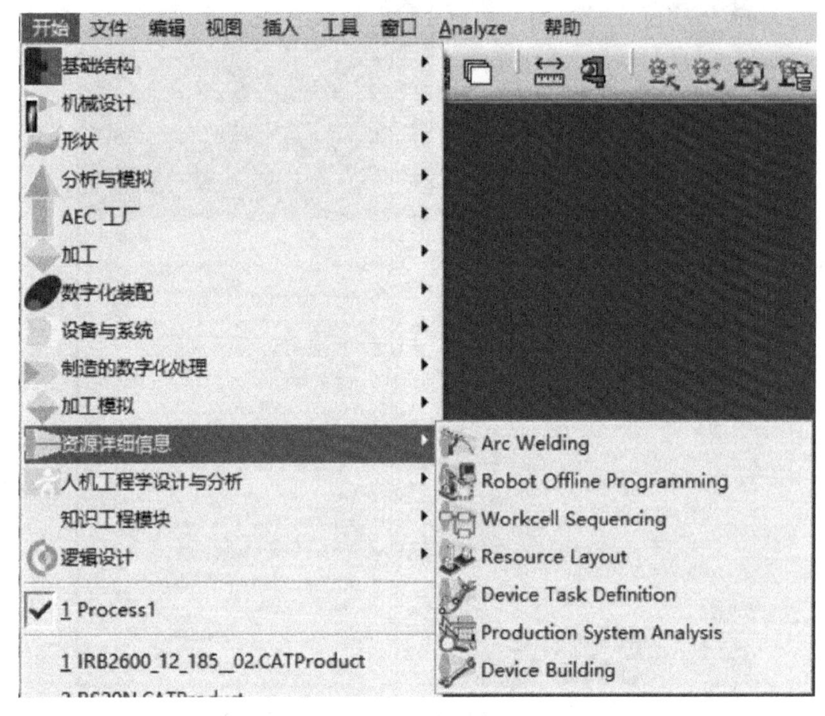

图 5－14 【资源详细信息】子菜单

(12)【人机工程学设计与分析】子菜单，如图 5－15 所示，包括【Human Measurements Editor】(人体测量编辑)、【Human Task Simulation】(人体模型任务仿真)、【Human Activity Analysis】(人体模型活动分析)、【Human Builder】(人体建模)和【Human Posture Analysis】(人体模型姿态分析)模块。

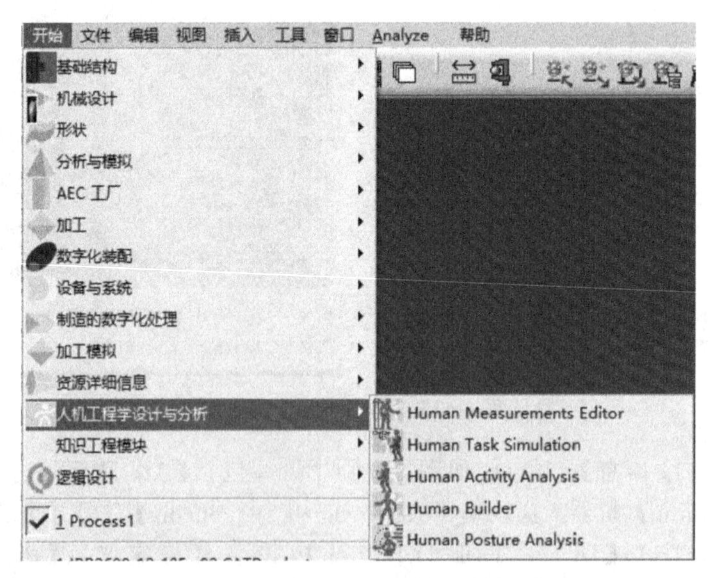

图 5－15 【人机工程学设计与分析】子菜单

(13)【知识工程模块】子菜单,如图5-16所示,包括【知识工程专家】和【Product Knowledge Template】(产品信息模板)模块。

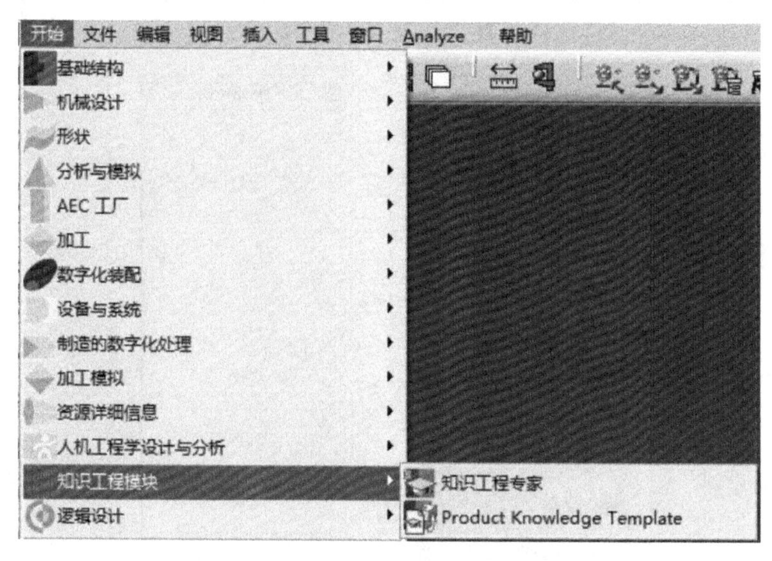

图5-16　【知识工程模块】子菜单

5.1.1.2　【文件】菜单

DELMIA的【文件】菜单,如图5-17所示,主要包括【新建】【新建自…】【打开】【关闭】【保存】等常规操作命令。

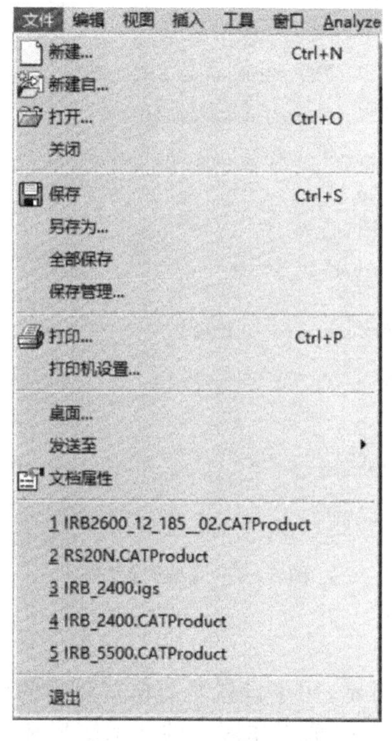

图5-17　【文件】菜单

5.1.1.3 【编辑】菜单

DELMIA 的【编辑】菜单，如图 5－18 所示，主要包括【撤销】【重复】【剪切】【复制】【粘贴】等基本操作命令，此外还包括【选择集】【链接】【属性】等命令。

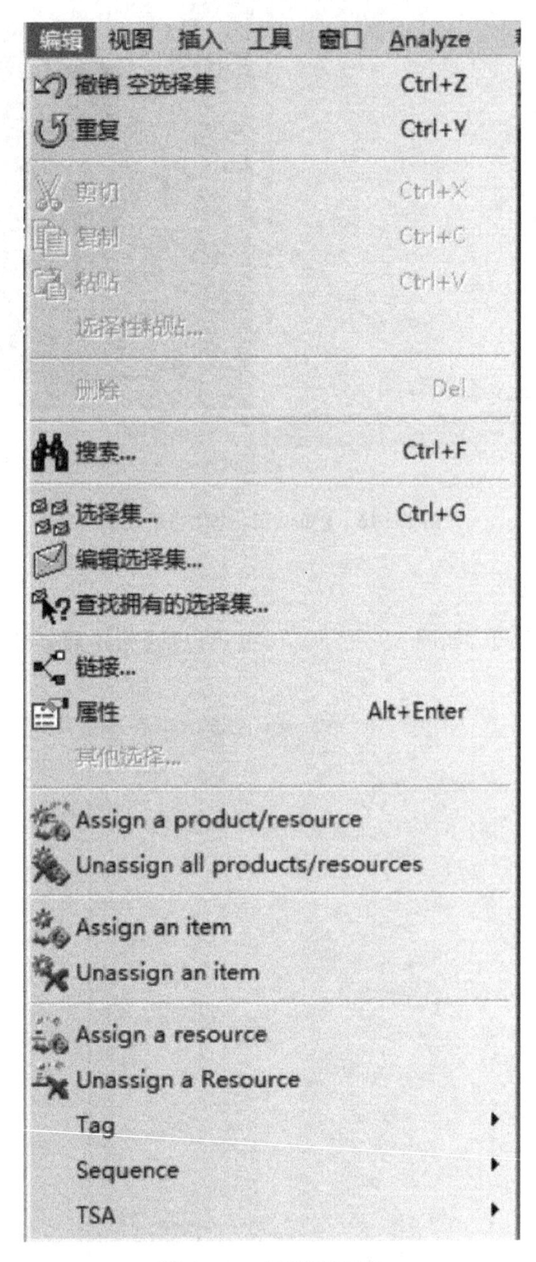

图 5－18 【编辑】菜单

5.1.1.4 【视图】菜单

【视图】菜单，如图 5－19 所示，用于设置当前窗口显示的内容，主要包括【几何图形】【规格】【指南针】等命令，用于显示和隐藏工作区中的几何图形和指南针，此外还包括【缩放】【平移】【渲染样式】和【照明】等命令。【树展开】子菜单用于设置结构树的显示。

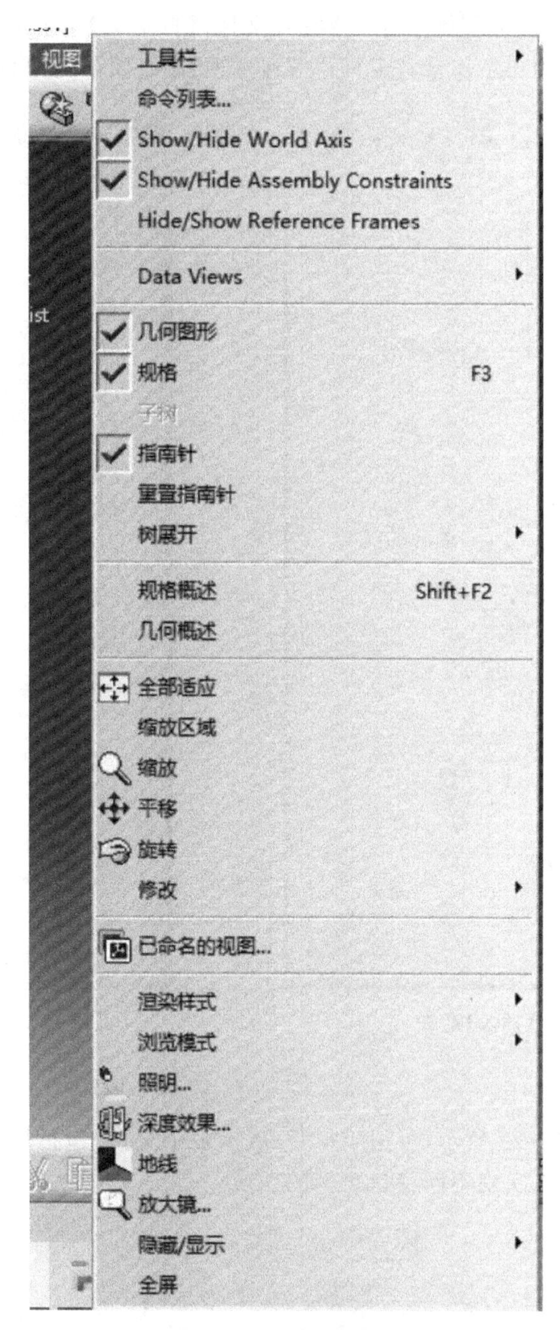

图 5-19　【视图】菜单

5.1.1.5　【插入】菜单

不同模块下的【插入】菜单有所不同，图 5-20 所示是【Device Task Definition】模块的【插入】菜单。

5.1.1.6　【工具】菜单

【工具】菜单，如图 5-21 所示，其中：【公式】命令用于编辑设计中需要的公式；【图像】命令用于捕捉模型的创建过程，用来制作图片或视频文件；【自定义】命令用于定制 DELMIA 的工作环境，包括开始菜单、用户工作台和工具栏等；【选项】命令用于设置 DELMIA 的系统参数。

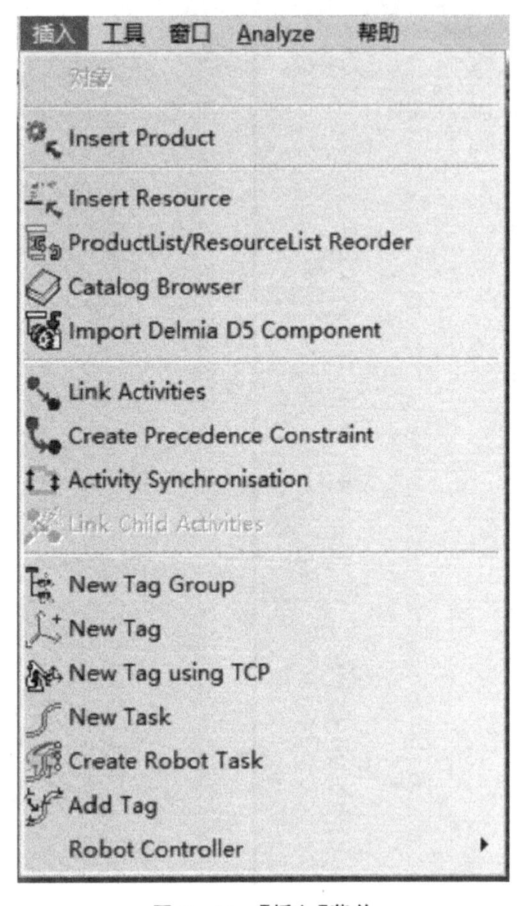

图 5-20 【插入】菜单

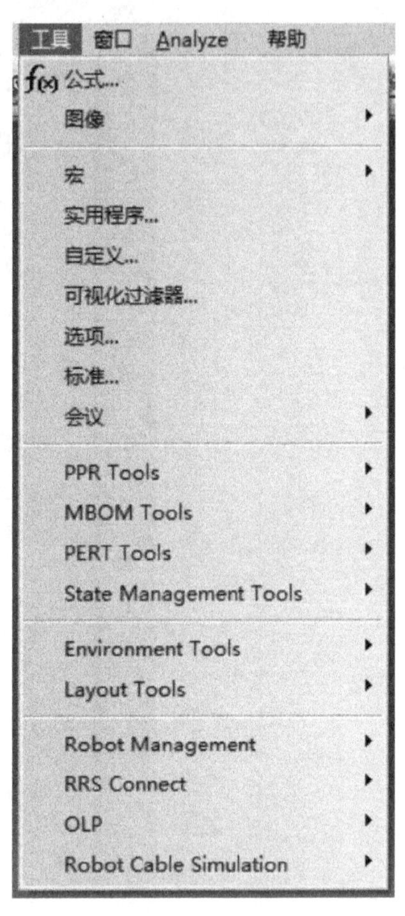

图 5-21 【工具】菜单

5.1.1.7 【窗口】菜单

【窗口】菜单，如图 5-22 所示，可用于打开/展示多个文件，包括【新窗口】【水平平铺】【垂直平铺】【层叠】命令，可以实现不同窗口之间的切换。

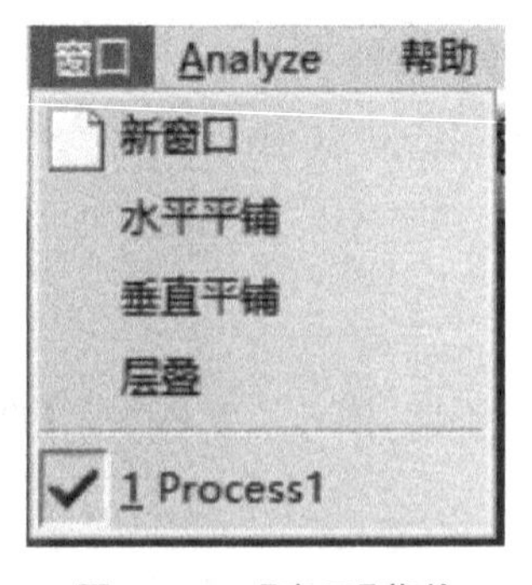

图 5-22 【窗口】菜单

5.1.1.8 【Analyze】菜单

【Analyze】菜单，如图 5－23 所示，包含【Simulation】（仿真）、【Simulation Analysis Tools】（仿真分析工具）、【Measure Between】（间距测量）、【Measure Item】（测量物体）命令。

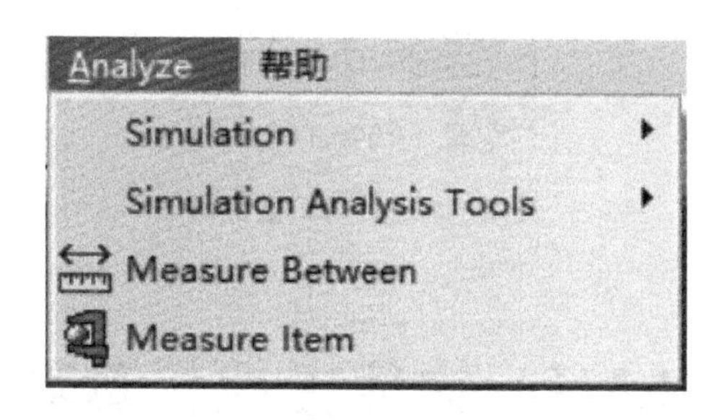

图 5－23 【Analyze】菜单

5.1.1.9 【帮助】菜单

【帮助】菜单，如图 5－24 所示，用于访问相关帮助以及了解软件信息等。

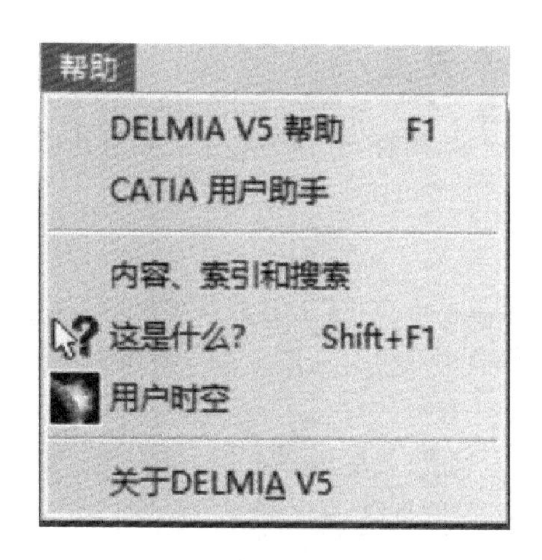

图 5－24 【帮助】菜单

5.1.2 工具栏简介

DELMlA V5 的工具栏位于工作界面四周，也可以使用鼠标左键将工具栏拖曳出来，悬浮于工作台上。每组工具栏都由若干快捷按钮组成，在不同的设计模块下，相应的工具栏也有所不同，对应按钮的作用也不同。

5.1.3 P.P.R.模型树简介

DELMIA 的 P.P.R.模型树如图 5－25 所示，在 P.P.R.模型树上列出了所有产品的步骤顺序和关系。在模型树上选中某个产品，在工作平面上的对应产品则高亮显示，鼠标左键双击该产品名称可以对其进行修改。

图 5-25　P.P.R.模型树

5.2　DELMIA 软件虚拟仿真环境设置

由于 DELMIA 软件在安装完成后，部分软件参数在默认情况下没有进行设置，对仿真功能、仿真效率、软件操作等造成了影响，因此，为了方便地通过 DELMIA 软件进行机器人装配仿真，需要对软件仿真环境进行设置。

5.2.1　软件选项参数设置

需要设置的软件选项参数包括两种，分别为必选项和可选项，下面对两类软件选项参数设置进行说明。

5.2.1.1　必选项设置

打开 DELMIA 软件，在菜单栏中点击【工具】，在弹出的下拉菜单中选择【选项】，然后在弹出的操作框中对相关功能进行启用/禁用，如图 5-26 所示。

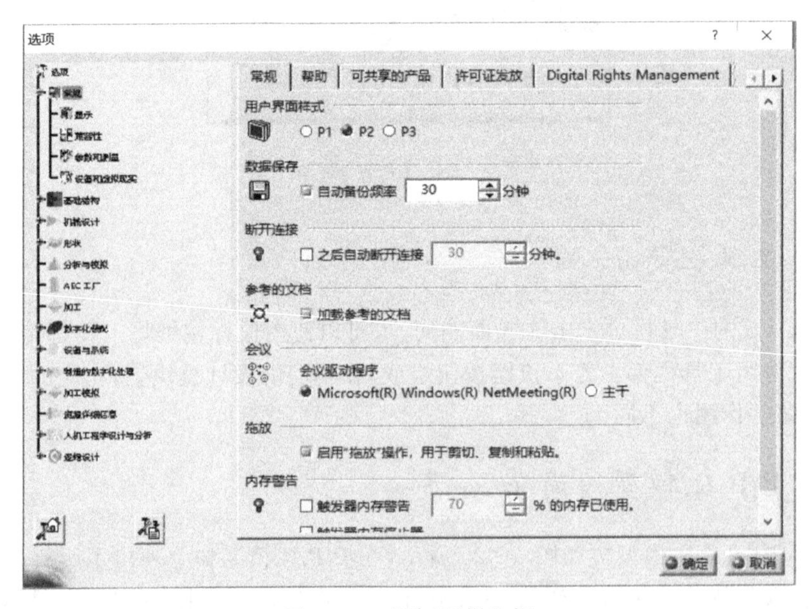

图 5-26　【选项】操作框

（1）【常规】→【显示】→【浏览】，勾选“显示操作边界”，功能：通过鼠标显示模型零件边界，并可使用鼠标拖拽移动单个零件。

（2）【常规】→【参数和测量】→【知识工程】，勾选“带值、带公式”，功能：在模型树中显示值和公式。

（3）【基础结构】→【零件基础结构】→【显示】，勾选“约束、参数、关系”，功能：在模型树中显示相关信息。

（4）【基础结构】→【产品结构】→【高速缓存管理】，勾选“使用高速缓存系统”，功能：在打开较大模型时进行缓存处理，对模型进行压缩，保存为“.cgr”格式文件，从而提升模型打开速度和仿真的流畅性。

（5）【机械设计】→【工程制图】→【视图】→【视图生成模式】，选择“CGR”，功能：在仿真二维图导出过程中使用“.cgr”格式文件。

（6）【制造的数字化处理】→【Tree】，勾选 Hierachy tree 区域下的所有选项，功能：在模型中显示层次结构树中的内容。

（7）【资源详细信息】→【Robot Task Display】，勾选“Show Line”，功能：在机器人示教过程中显示机器人运动轨迹。

（8）【资源详细信息】→【Frames Visualization】，对不同 Frame（轮廓）的颜色进行设置，功能：通过不同颜色显示各种机器人坐标系。

5.2.1.2　可选项设置

（1）【常规】→【显示】→【浏览】，取消勾选“在几何视图中进行预选择”，功能：节省系统资源，防止电脑卡顿。

（2）【基础结构】→【DELMIA 基础结构】→【Simulation Tree】，勾选相应项，可在高级 TCP 轨迹显示时显示相应内容。

5.2.2　自定义设置

5.2.2.1　快速切换软件模块设置

在 DELMIA 仿真过程中，可以通过点击菜单栏中的【开始】菜单，选择 DELMIA 不同功能子模块进行分析，也可以通过下述方法将常用功能子模块进行集成，实现软件子模块间的快速切换，提升建模效率。

（1）在菜单栏中选择【工具】→【自定义】→【开始菜单】。

（2）从界面左侧【可用的】中选择常用子模块，并通过向右箭头添加至右侧【收藏夹】，如图 5-27 所示。

（3）点击工具栏右上角的【工作台】工具条，显示所选择的子模块，如图 5-28 所示。

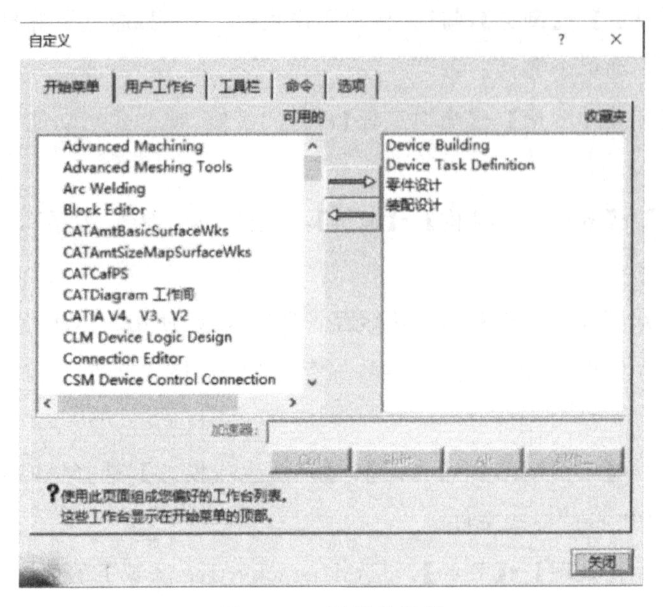

图 5-27　子模块设置

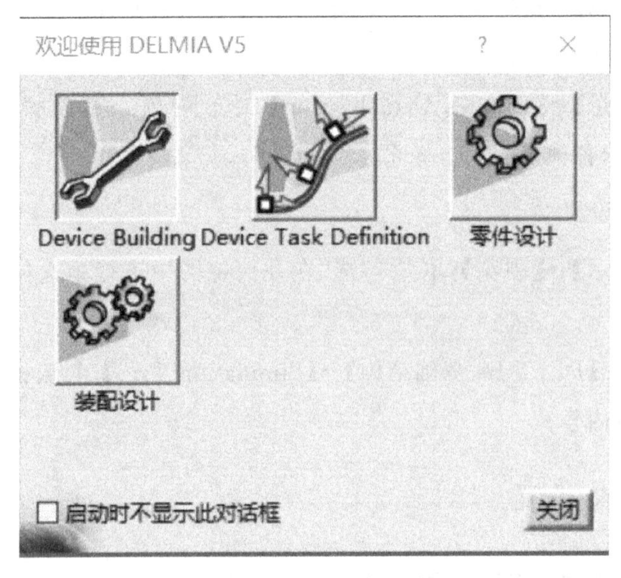

图 5-28　工作台设置

5.2.2.2　工具栏设置

在建模仿真过程中，若工具栏中缺失某个工具条，可通过以下两种方法找回：

(1)在工具栏空白位置右键单击，找到缺失工具条，在模块名称前进行勾选，如图 5-29 所示。

(2)恢复工具栏所有默认工具条及其位置(见图 5-30)：

1)在菜单栏中选择【工具】→【自定义】→【工具栏】。

2)依次单击【恢复所有内容】和【恢复位置】。

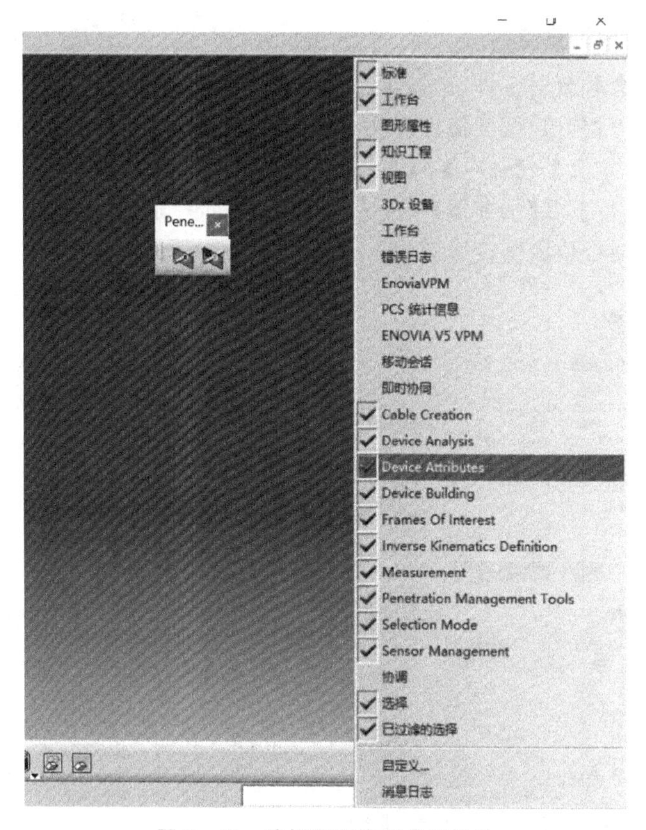

图 5－29　选择需要恢复的工具条

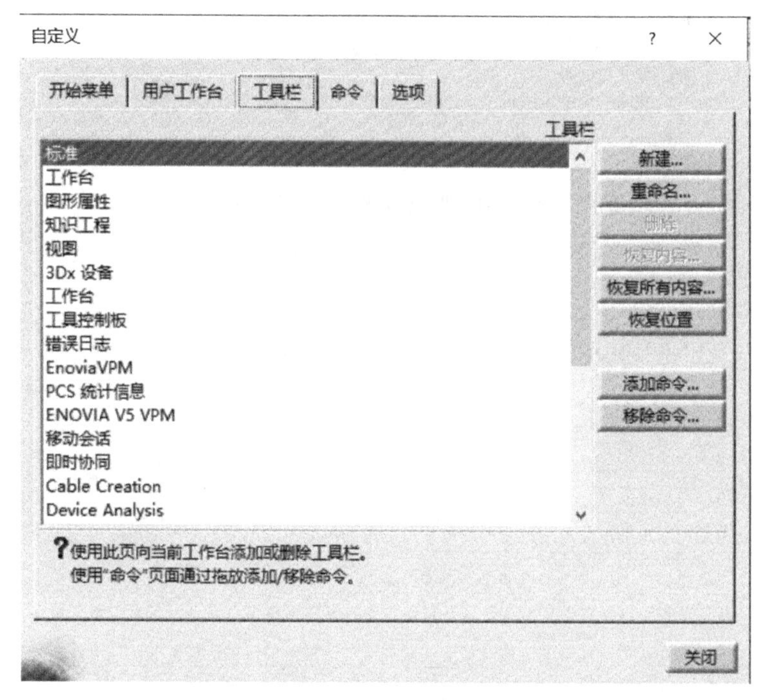

图 5－30　恢复工具栏所有工具条及其位置

5.2.2.3 命令快捷键设置

在仿真过程中，会频繁对零件、产品等进行隐藏/显示操作，通过对“隐藏/显示”命令进行快捷键设置，能够显著提升建模便捷性。其快捷键在菜单栏中进行设置的步骤如下。

(1)【工具】→【自定义】→【命令】→【类别】：视图→【命令】：隐藏/显示。

(2)点击【显示属性】，在【加速器】中输入快捷键“space”(通过“空格键”实现快捷功能)，如图5-31所示。其他命令快捷键设置类似。

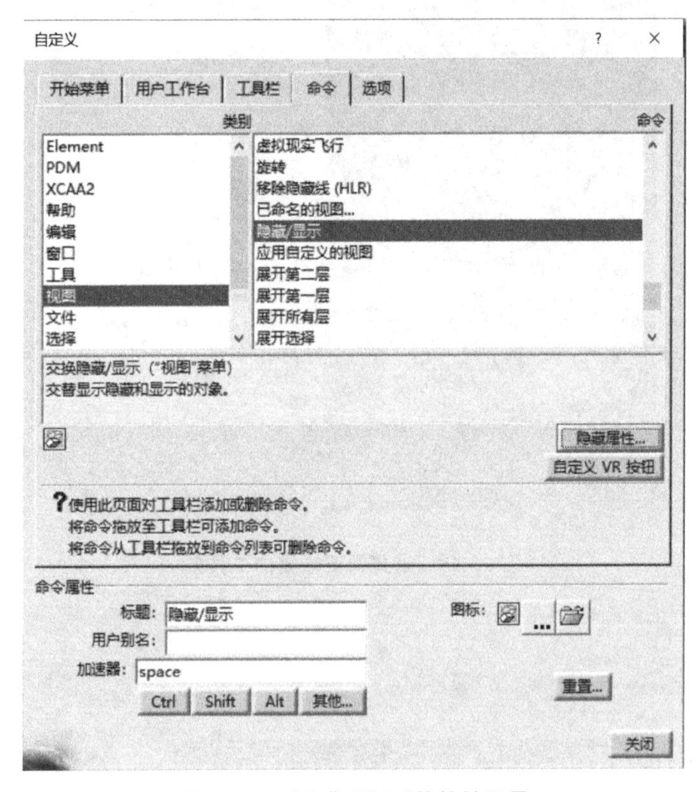

图 5-31 “隐藏/显示”快捷键设置

第6章　工业机器人运动机构建立

6.1　【Device Building】子模块工具栏简介

【Device Building】子模块用于在仿真前对系统中的各个设备进行运动学定义。通过菜单栏中的【开始】→【资源详细信息】→【Device Building】，进入该子模块，如图6-1所示。

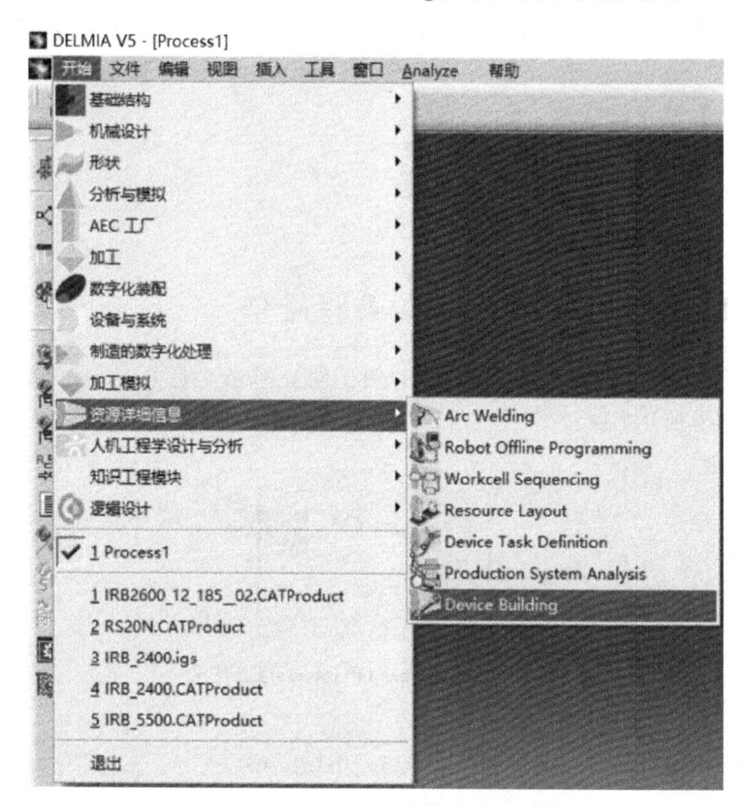

图6-1　进入【Device Building】子模块

6.1.1　【Device Building】工具栏简介

【Device Building】工具栏(见图6-2)用于定义设备运动机构、约束信息等，各部分功能如下所示：

图 6-2 【Device Building】工具栏

【New Mechanism】:新建机械结构。

【Fix Part】:固定零部件。

【Joints】:接合形式,包括【Revolute Joint】(旋转接合)、【Prismatic Joint】(棱柱接合)、【Cylindrical Joint】(圆柱接合)、【Spherical Joint】(球形接合)、【Planar Joint】(平面接合)、【Rigid Joint】(刚体接合)、【Point Curve Joint】(点一线接合)、【Slide Curve Joint】(滑动曲线接合)、【Roll Curve Joint】(滚动曲线接合)、【Point Surface Joint】(点面接合)、【Universal Joint】(通用接合)、【Joint from axis】(基于轴线接合)。

【Update Positions】:更新位置。

6.1.2 【Frames Of Interest】工具栏简介

【Frames Of Interest】工具栏(见图 6-3)用于建立基本坐标系、工具坐标系、设计坐标系等,各部分功能如下所示:

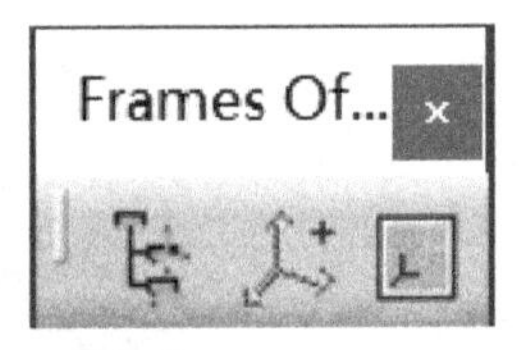

图 6-3 【Frames Of Interest】工具栏

【Frame Of Interest】:建立 Frame of Interest。

【Frame Type】:设置 Frame 格式。

【Hide/Show V5 Frame Of Interest】:隐藏/现实 Frame of Interest。

6.1.3 【Device Attributes】工具栏简介

【Device Attributes】工具栏(见图 6-4)用于定义设备运动参数,各部分功能如下所示:

图 6-4 【Device Attributes】工具栏

【Mechanism Properties】:显示运动机构属性。

【Home Position】:设置运动机构初始位置。

【Time Table】:设置运动机构不同初始位置间的运动时间。

【Travel Limits】:设置运动机构各个命令的运动极限位置。

【Tool Tip】:设置刀头位置。

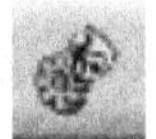

【Device Task】:生成设备任务。

【Applicative Parameter Profiles】:生成参数配置文件。

【Define Placement Frames】:定义位置框架。

【Joint/TCP Speed and Acceleration Limits】:接合/工具中心点的速度、加速度极限。

【Kinematic Relations】:动力学关系。

【Set Tool】:为机器人设置工具。

【Define Auxiliary Devices】:为机器人定义辅助设备,如导轨、焊枪。

【Attach】:生成父子级关系。

【Allow to Synchronize the Controller Data】:同步控制器数据。

6.1.4 【Device Analysis】工具栏简介

【Device Analysis】工具栏(见图 6-5)用于设备运动调试,各部分功能如下所示:

图 6-5 【Device Analysis】工具栏

【Jog Mechanism】:运动机构点动。

【Create Swept Volume】:生成扫掠体。

6.1.5 【Inverse Kinematics Definition】工具栏简介

【Inverse Kinematics Definition】工具栏(见图 6-6)用于机器人逆向运动学定义,功能如下所示:

图 6-6 【Inverse Kinematics Definition】工具栏

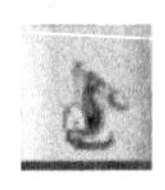

【Inverse Kinematics】:为机器人设置逆向运动学参数。

6.2 运动机构建模

六自由度工业机器人是一种特殊的空间运动机构,它由多个构件组成,各构件间均为可相对转动的活动连接,在机器人中通常称为“关节”,与此同时,机器人装配系统中包含的可运动的末端执行器、工装等也是运动机构。对此,为了进一步理解上述机构运动仿真过程与原理,本节首先介绍机械原理相关知识，然后在此基础上通过 DELMIA 开展曲柄滑块、夹具、焊枪、机器人等运动机构建模。

6.2.1　机械原理基础

6.2.1.1　机构的组成

机构是传递运动和力或者导引构件上的点按给定轨迹运动的机械装置。机构主要由彼此间形成可动连接的基本元件组成。机构的组成要素为构件和运动副。

构件是组成机构的基本要素之一。构件是由一个或多个彼此无相对运动的零件组成的。从运动观点来说，构件是机构中的一个运动单元体，简称为杆。

运动副是组成机构的另一基本要素。机构是由许多构件组合而成的，每个构件都以一定方式与其他构件相互连接，通常将两个构件直接接触而又能产生相对运动的连接称为运动副。理论上将两构件运动副元素以点或线接触的运动副称为高副，以面接触的运动副称为低副。

两构件组成运动副后，相互间的相对运动便会受到某些限制，这些限制称为相对约束度或简称为约束度，而尚存的相对运动称为运动副自由度或活动度。

6.1.1 节的【Device Building】→【Joints】选项便是用来在仿真中对机构两构件间的自由度进行限制，见表 6 - 1。

表 6 - 1　DELMIA 中的各类接合形式

名称	图形	副级	自由度	名称	图形	副级	自由度
转动副		V	1	移动副		V	1
圆柱套筒副		Ⅳ	2	球面副		Ⅲ	3
平面副		Ⅲ	3	刚性接合			0
二维点高副			2	二维滑动副			3
二维滚动副			1	三维点高副			5

6.2.1.2　机构的定义及自由度

在运动链中，若将某一构件固定作为机架或参考构件，并给定另外一个或少数几个构件的运动规律，则运动链中其余构件的运动便随之确定，这种运动链便称为机构。

机构的自由度是机构中各构件相对机架所具有的独立运动的数目或组成该机构的运动链的位形相对于机架或参考构件所需的独立位置参数的数目，通常用 F 表示。机构的自由度一般与各构件的运动尺寸和功能无关，而与机构中的构件数、运动副数和类型以及运动副间的相

互配置有关,机构的自由度通过以下方式计算:

(1) 平面机构自由度。在平面机构中,各构件在同一平面或平行平面内运动。组成运动副前,每一构件的自由度均为3,构件与构件间的运动副会约束其自由度。

假设一个由 n 个构件组成的运动链,其中Ⅴ类副(低副)的数目为 p_5 个,Ⅳ类副(平面高副)的数目为 p_4 个,每个低副(Ⅴ类副)引入两个约束,而每个平面高副(Ⅳ类副)引入一个约束,故平面机构的自由度为

$$F = 3n - 2p_5 - p_4 \tag{6-1}$$

式中:F 为平面机构自由度;n 为机构中活动构件数;p_5 为机构中Ⅴ类副的数目;p_4 为机构中Ⅳ类副的数目。

(2) 空间机构自由度。在空间机构中,通常所采用的运动副类型是从Ⅴ类副到Ⅰ类副,而组成运动副的各构件之间的相对自由度是从1到5,故空间机构的自由度为

$$F = 6n - 5p_5 - 4p_4 - 3p_3 - 2p_2 - p_1 \tag{6-2}$$

式中:F 为平面机构自由度;n 为机构中活动构件数;p_i 为第 i 类运动副的数目。

6.2.1.3 机构具有确定运动的条件

由机构自由度的计算可知:当所得的自由度小于或等于0时,机构的构件间不可能产生相对运动,机构变为刚性结构。当机构的自由度大于0时,若主动件的独立运动数大于自由度,则将导致机构遭到损坏;反之,若主动件的独立运动数小于机构的自由度,则机构的运动将变得不确定或做无规则的运动,因而失去应用价值;只有当主动件的独立运动数等于机构的自由度时,机构才有确定的运动。设由平面或空间机构自由度计算式求得机构自由度 $F=2$,则必须使机构采用两个运动彼此独立的主动(输入)杆,机构才有完全确定的运动。

因此,机构具有确定运动的条件是:

(1)机构自由度大于零;

(2)机构的主动杆数等于机构的自由度。

6.2.1.4 开链机构

工业机器人属于开链机构,若将开链中首杆固定,并使其中的主动杆数与该链相对首杆的自由度数相等,则该链便成为具有确定运动的机械臂机构。在开链机构中,每配置一个串联运动副就有一个相连的运动构件,因此活动构件数 n 应等于运动副数 p。

在开链机构中,超出或大于6的自由度称为机动度。自由度的多少一般可作为衡量机械臂技术水平的指标之一。自由度越多,可以完成的工艺动作就越复杂,通用性也越强,应用范围也越广,但会使控制系统和机械结构更加复杂,体积增大,质量增加;反之,结构简单,精度也易保证。

6.2.2 基于DMU的曲柄滑块机构建模

基于上述机械原理基础知识,通过DELMIA的DMU子模块对曲柄滑块机构进行运动仿真,进一步巩固机构自由度、运动副等知识,熟悉运动机构搭建流程,为末端执行器、机器人运

动机构建模打下良好基础。

6.2.2.1　曲柄滑块机构分析

曲柄滑块机构是指用曲柄和滑块来实现转动和移动相互转换的平面连杆机构。曲柄滑块机构中与机架构成移动副的构件为滑块，通过转动副联接曲柄和滑块的构件为连杆，如图6－7所示。曲柄滑块机构广泛应用于往复活塞式发动机、压缩机、冲床等的机构中，把往复移动转换为不整周或整周的回转运动。

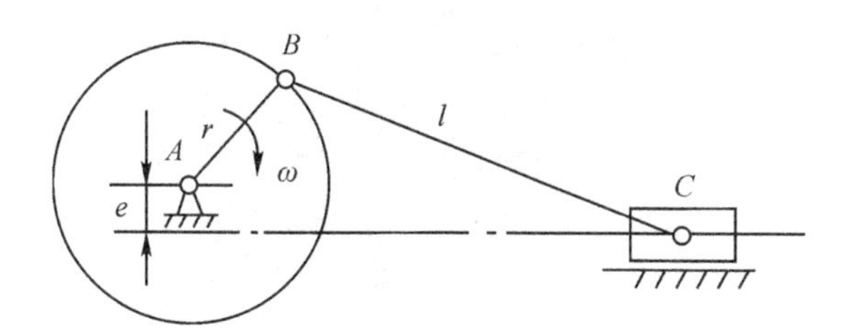

图 6－7　曲柄滑块机构简图

综上所述，曲柄滑块机构共包含 4 个零件，分别为：① 机架；② 曲柄；③ 连杆；④ 滑块。

曲柄滑块机构具有一个自由度与一个主动件，符合确定运动条件，机构共包含 4 个平面低副，分别为：① 机架-曲柄间旋转副；②曲柄-连杆间旋转副；③ 连杆-滑块间旋转副；④ 滑块-机架间移动副。

6.2.2.2　曲柄滑块机构建模

曲柄滑块机构运动建模仿真过程如下所示：

(1)通过三维建模软件建立曲柄滑块机构三维模型，如图 6－8 所示。

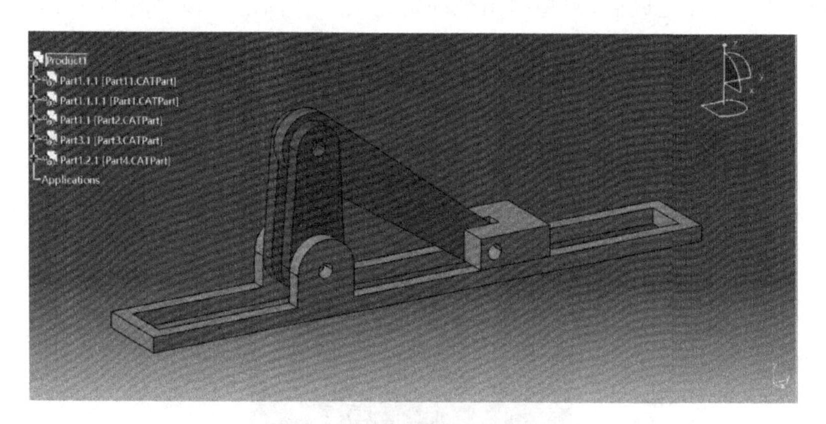

图 6－8　曲柄滑块机构模型

(2)进入 DELMIA 的 DMU 运动机构仿真模块：在菜单栏中单击【开始】→【数字化装配】→【DMU 运动机构】。

(3)新建机械装置：在菜单栏中单击【插入】→【新机械装置】，新建机械装置后，模型树上出现“机械装置”项，包含其机构名称、自由度、接合、命令、法线、速度和加速度信息，如图 6－9 所示。

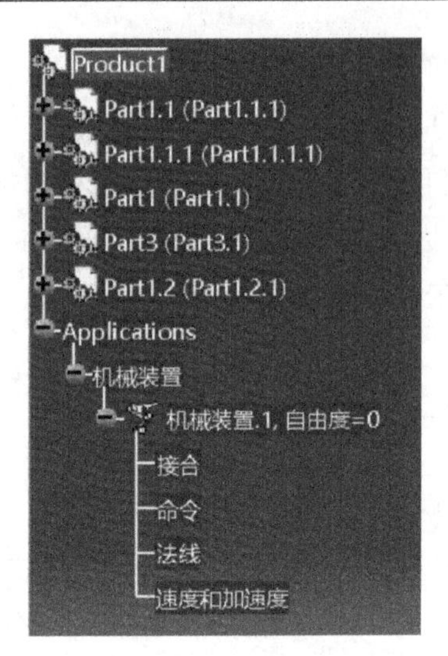

图 6-9　新建机械装置

机构的运动形式依托“机械装置”，可以通过建立多个“机械装置”实现同一个机构的不同运动形式仿真，且不同“机械装置”相互独立，如对于同一个曲柄滑块机构，可以进行两种形式“机械装置”的设置：

1)“机械装置 1”：以曲柄为主动件，曲柄绕机架转动，最终实现滑块往复运动，运动形式类似于插床机构。

2)“机械装置 2”：以滑块为主动件，滑块往复运动，最终实现曲柄绕机架转动，运动形式类似于发动机活塞。

(4)设置机架固定约束：单击工具栏中【DMU 运动机构】→【固定零件】，然后从模型树或模型中选取机架。设置完成后，模型树出现固定约束以及固定零件，如图 6-10 所示。

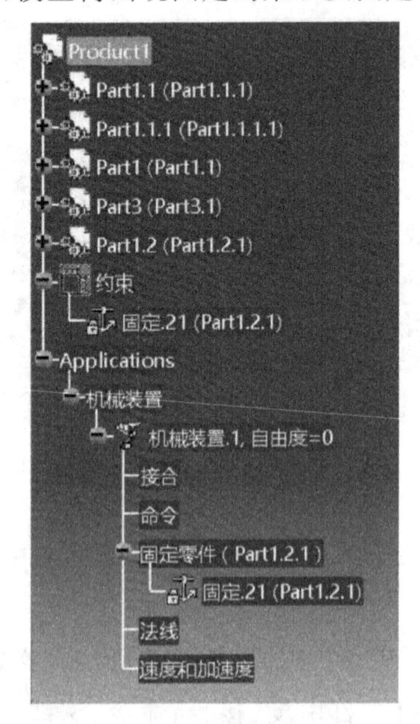

图 6-10　固定零件

(5)设置两零件的刚性接合:本模型中曲柄位置包含两个形状相同的零件,两者运动形式相同,共同组成曲柄滑块机构的曲柄构件,因此需要对两者进行刚性接合设置。在工具栏中单击【DMU 运动机构】→【刚性接合】,出现“创建接合:刚性”命令框,在模型树或三维模型上依次点击两个零件即可,如图 6-11 所示。

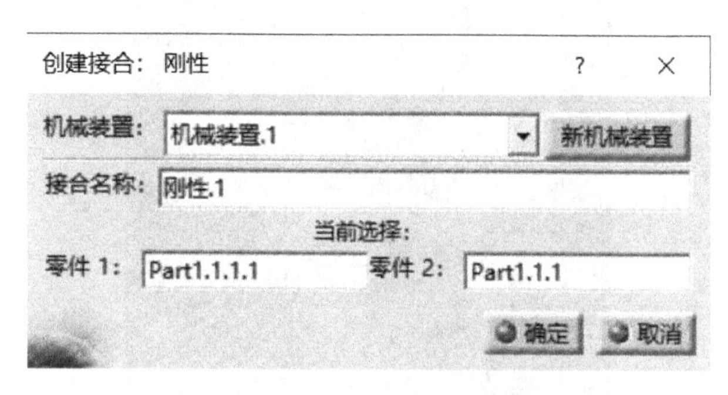

图 6-11　刚性接合设置

(6)设置机架-曲柄间旋转副:在工具栏中单击【DMU 运动机构】→【旋转接合】,出现“创建接合:旋转”命令框,如图 6-12 所示。

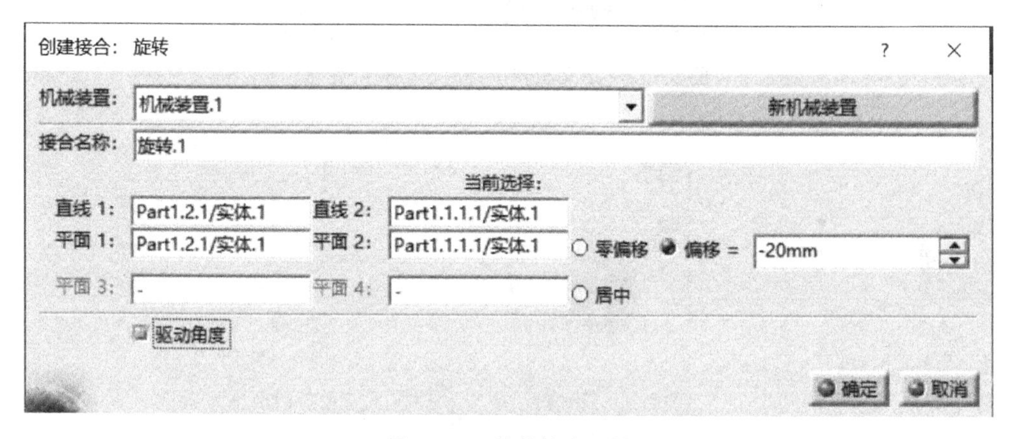

图 6-12　旋转接合设置

1) 选择旋转接合所处的机械装置,并为旋转接合命名。

2) 通过“2 条直线”和“2 个平面”约束构件自由度,从而形成旋转副:

A.“2 条直线”代表两构件相对旋转的转轴,本模型中为机架孔、曲柄孔轴线,约束后两者重合,此时曲柄的 6 个自由度被约束了 4 个,机架在前面已经完全约束。

B.“2 个平面”代表两构件间的相对距离不变的两个平面,本模型为机架、曲柄相互平行的两个平面,并约束两者间距离,命令框中“零偏移”表示两平行平面重合,“偏移”值维持目前距离不变。通过上述约束,曲柄仅剩的 2 个自由度被约束了 1 个,其运动形式仅为绕轴转动。

在选择“2 条直线”和“2 个平面”时可以通过工具栏【视图】中的【旋转】【缩放】【平移】及【隐藏/显示】等按钮,或其快捷形式,精确选择几何特征。在零件被隐藏后,可以通过工具栏【视图】中的【交换可视空间】进入被隐藏的空间,在此空间中显示被隐藏零件。

3）勾选“创建接合:旋转”命令框中的“驱动角度”，设置曲柄为主动件，点击“确定”，之后模型树发生变换，如图 6－13 所示，并出现如图 6－14 所示的“可以模拟机械装置”弹窗。

约束
固定.21 (Part1.2.1)
相合.22 (Part1.2.1,Part1.1.1.1)
偏移.23 (Part1.2.1,Part1.1.1.1)
Applications
机械装置
机械装置.1, 自由度=0
接合
旋转.1 (Part1.2.1,Part1.1.1.1)
命令
命令.1 (旋转.1,角度)
固定零件 (Part1.2.1)
固定.21 (Part1.2.1)
法线
速度和加速度

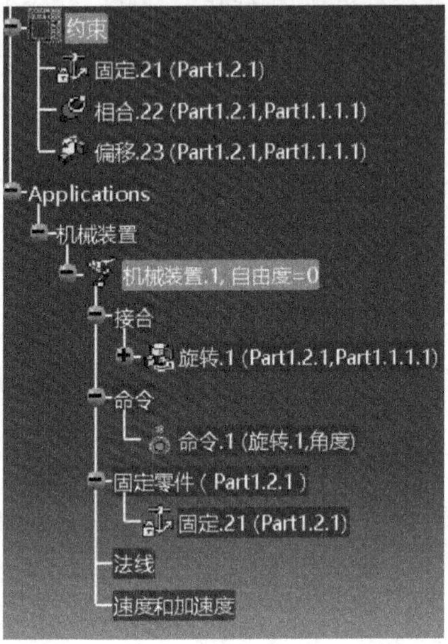

图 6－13　定义旋转接合后模型树的变化

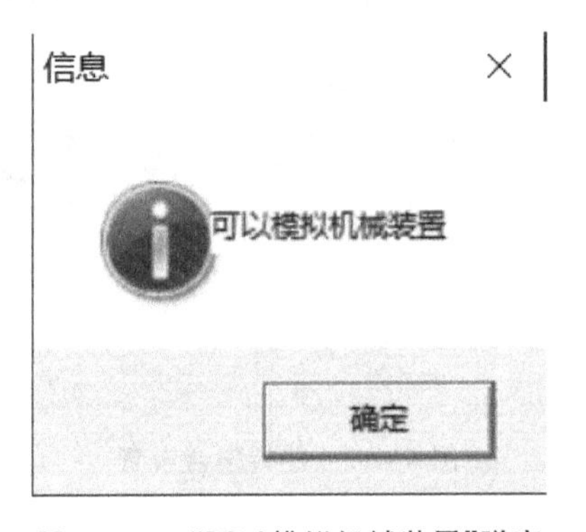

图 6－14　“可以模拟机械装置”弹窗

其中，“约束”中新增“相合”和“偏移”约束，对应两轴线重合和两平面距离；“机械装置”中新增“旋转”接合，“旋转”命令表示新增旋转接合并且该接合对应主动运动形式。

“可以模拟机械装置”表示经过软件分析，目前机构完成约束后，符合具有确定运动条件，即目前机构仅包含机架和曲柄 2 个构件，机构自由度数为 1(机架为 0，曲柄为 1)，主动件个数为 1，符合 6.2.1.3 中的条件，模型树显示形式为“自由度＝0”。

(7)设置曲柄-连杆间旋转副：设置方式同(6)，但不选择“驱动角度”，完成设置后，软件不提示“可以模拟机械装置”，此时机构不符合确定性运动条件，模型树显示机械装置自由度≠0，如图 6－15 所示。

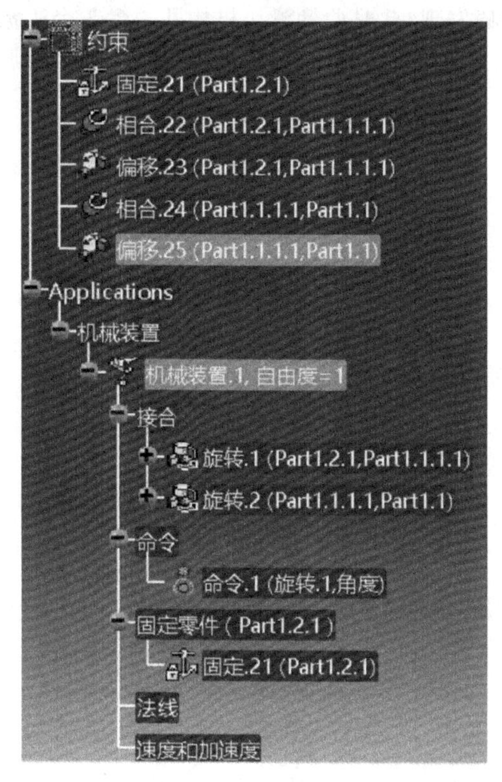

图 6－15　设置曲柄-连杆间旋转副后的模型树

(8)设置连杆-滑块间旋转副：设置方式同(7)。

(9)设置滑块-机架间移动副：在工具栏中单击【DMU 运动机构】→【棱形接合】，出现“创建接合：棱形”命令框，如图 6－16 所示。

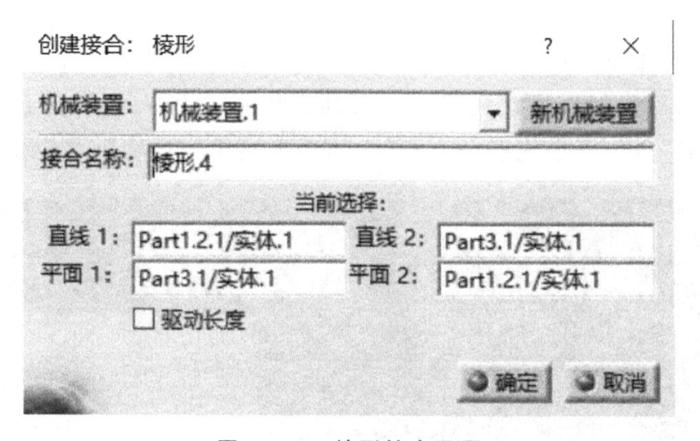

图 6－16　棱形接合设置

1）选择棱形接合所处的机械装置，并为棱形接合命名。

2）通过“2 条直线”和“2 个平面”约束构件自由度，从而形成移动副：

A.“2 条直线”代表两构件上在相对运动方向上重合的两条线。

B.“2 个平面”代表两构件上相互平行的两个平面。

3）单击“确定”，出现如图 6－14 所示的“可以模拟机械装置”提示框，此时机构模型树如

图 6 - 17 所示。通过模型树发现，此时曲柄滑块机构共包含 1 个机械装置、5 个运动副（包含 1 个刚性约束）、1 个主动件、1 个机架且自由度=0。

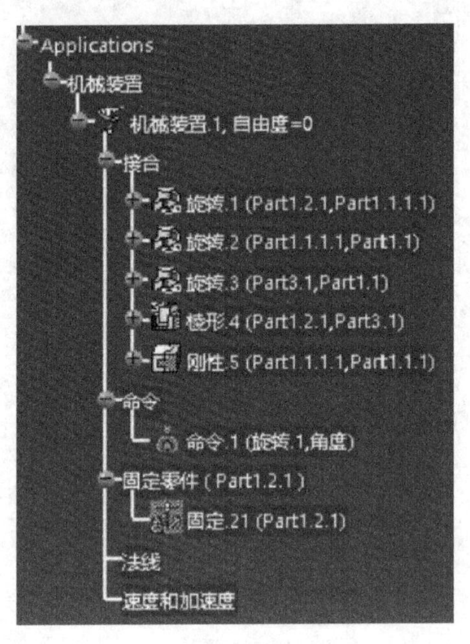

图 6 - 17　曲柄滑块机构设置完成后的模型树

6.2.2.3　曲柄滑块机构运动仿真

完成曲柄滑块机构建模后，开展其运动仿真。

（1）定义机构初始状态：在工具栏中单击【DMU 运动机构】→【使用命令进行模拟】，出现如图 6 - 18 所示的“运动模拟”对话框，选择需要模拟的机械装置，通过以下两种方式定义曲柄滑块机构初始状态：

1）将鼠标指针放在主动件，即曲柄构件上，构件上出现圆弧箭头和法向箭头，沿圆弧箭头旋转，曲柄滑块机构发生运动，而法向箭头代表其旋转的法线方向，符合右手定则。

2）在“运动模拟”命令框中拖动命令指针，曲柄滑块机构也会随之发生运动。

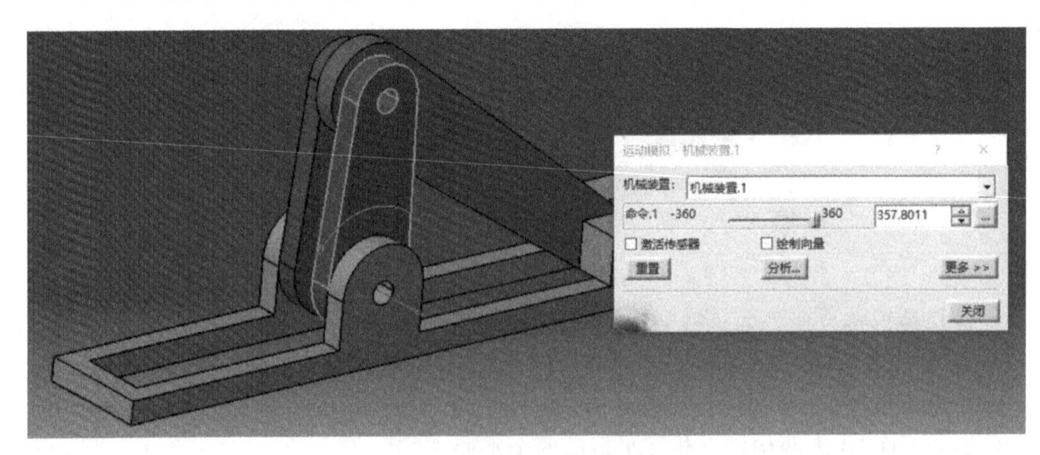

图 6 - 18　使用命令进行模拟

(2)进行运动模拟:在工具栏中单击【DMU 一般动画】→【模拟】,选择需要模拟的机械装置,并点击“确定”,出现如图 6-19 和图 6-20 所示的“运动模拟”和“编辑模拟”对话框。

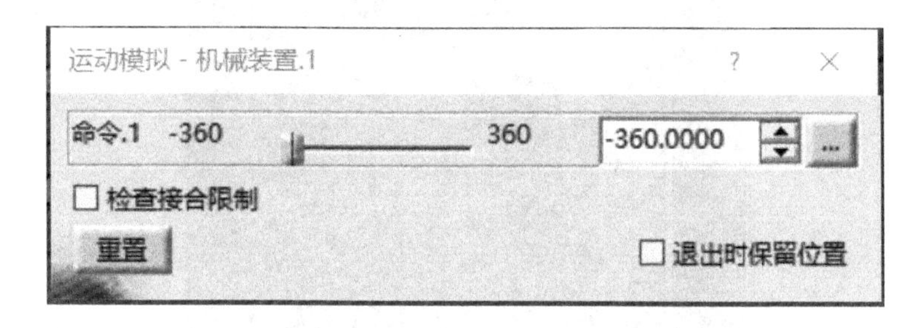

图 6-19　“运动模拟”对话框

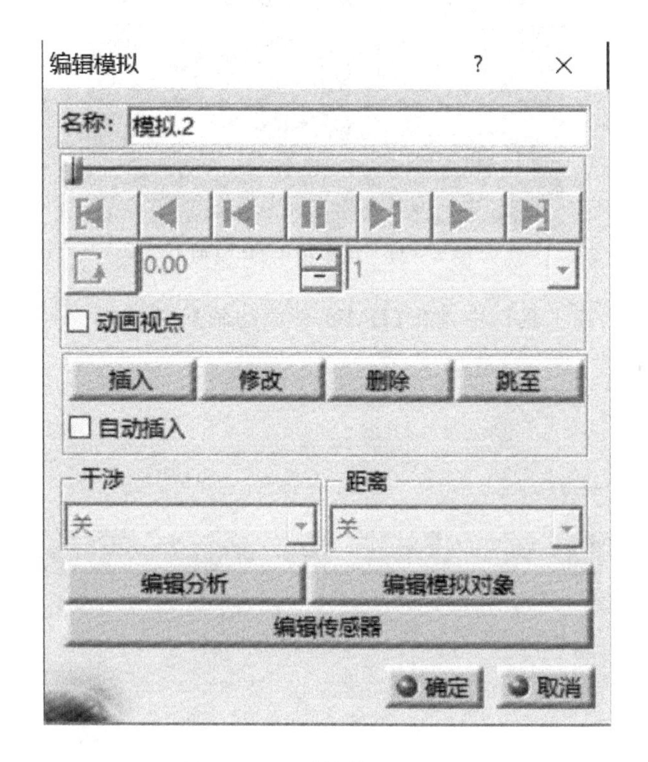

图 6-20　“编辑模拟”对话框

1) 通过“运动模拟”对话框调节曲柄滑块机构运动的最终位置。

2) 单击“编辑模拟”对话框中的“插入”,从而插入最终位置。

3) 调节“编辑模拟”对话框中的内插步长,其值越小,机构运动速度越慢。

4) 通过向前播放/向后播放实现机构运动模拟。

5) 点击“确定”,模型树上出现“模拟”,如图 6-21 所示。

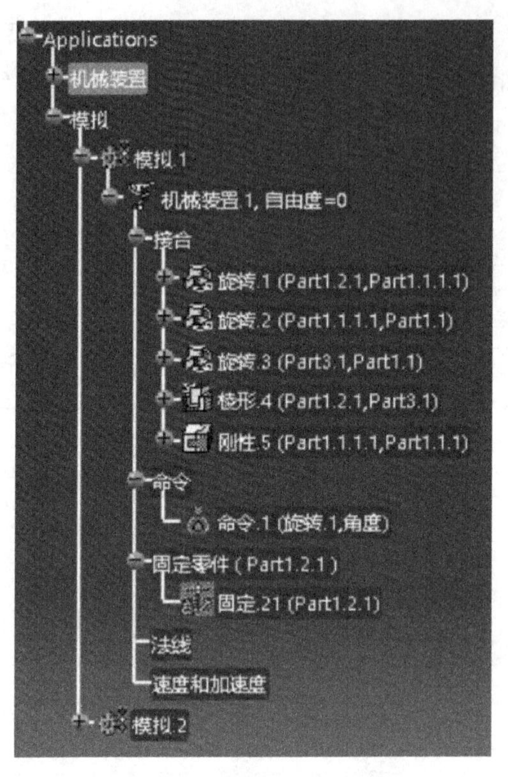

图 6-21　模型树中的"模拟"

(3)建立仿真动画:在工具栏中单击【DMU 一般动画】→【编辑序列】,弹出"编辑序列"对话框,如图 6-22 所示。

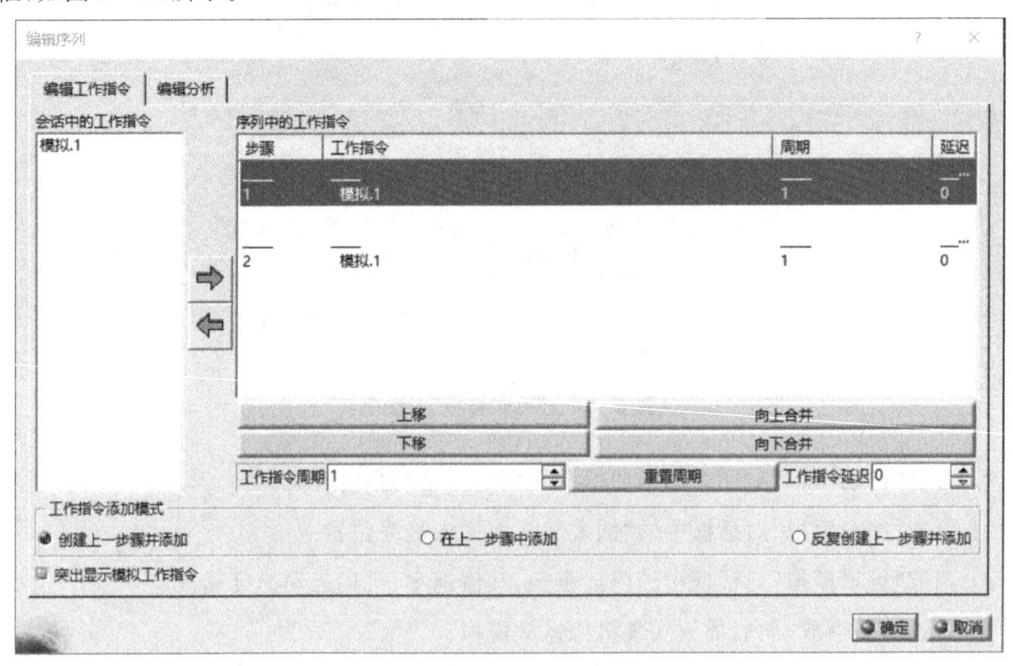

图 6-22　"编辑序列"对话框

1)对话框左侧的“会话中的工作指令”包含所有建立的运动模拟,可以选择需要建立仿真动画的模拟,通过右箭头添加到“序列中的工作指令”,并对所添加的工作指令的顺序、周期、延迟等参数进行调整。

2)单击“确定”后,模型树上出现“序列”,即为建立的仿真动画。

3)在工具栏中单击【DMU 一般动画】→【模拟播放器】,在模型树上选择需要播放的“序列”,弹出“播放器”对话框,设置播放参数后,便可以通过向前播放/向后播放实现仿真动画播放。

6.3 机器人运动机构建模

6.3.1 DELMIA 机器人数据库

DELMIA 软件自带机器人数据库“Robotlib”,位于“DELMIA 安装位置\\Dassault Systemes\\B20\\intel_a\\startup\\Robotlib”,提供了包含 ABB、FANUC、KUKA 等近 20 种品牌、百余种类型机器人、辅助运动轴等,从而实现机器人运动仿真。DELMIA 软件调用机器人数据库中模型进行运动仿真的步骤如下。

6.3.1.1 进入机器人数据库

通过菜单栏进入【Device Task Definition】子模块,单击工具栏的【Activity Management】→【Catalog Browser】,出现如图 6-23 所示的“目录浏览器”,其中界面左侧为“Robotlib”模型树,右侧为机器人数据库文件夹,可以从中选择合适型号的机器人模型进行运动仿真。

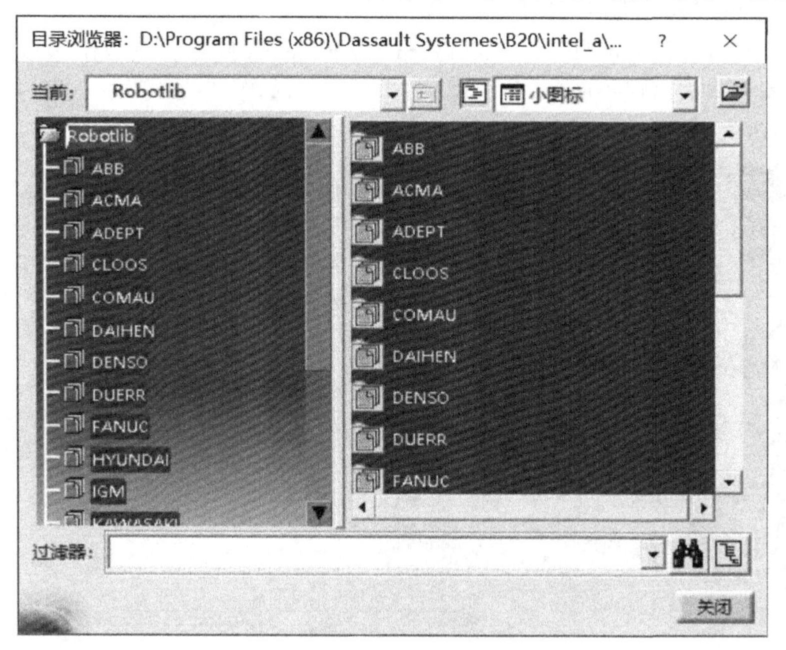

图 6-23 机器人数据库目录浏览器

6.3.1.2 导入机器人模型及运动仿真

选择 KUKA 品牌机器人，单击 KR16 型号，并将鼠标移至工作区，单击布置机器人的位置，如图 6－24 所示。

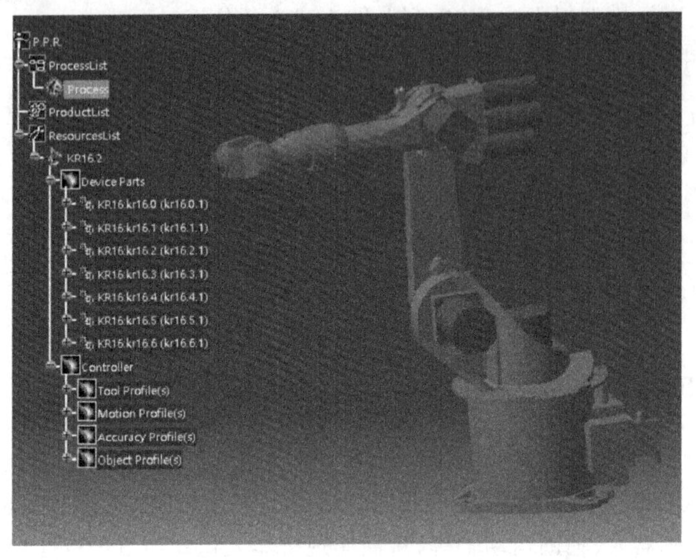

图 6－24　导入 KR16 机器人

导入机器人后，模型树的“ResourcesList”下方会出现“Device Parts”和“Controller”两部分，其中：

(1)“Device Parts”表示基于机器人运动形式及原理，将其分割为若干构件。机器人包含 7 个构件，7 个构件间形成 6 个转动副约束，从而形成机器人的 6 个自由度。

(2)“Controller”表示机器人控制器参数。

在工具栏中单击【Robot Management】→【Jog a Device】，之后在工作区域单击机器人任意位置，在机器人末端出现指南针，并出现“Jog”对话框，如图 6－25 所示，通过拖拽指南针，实现机器人运动仿真。

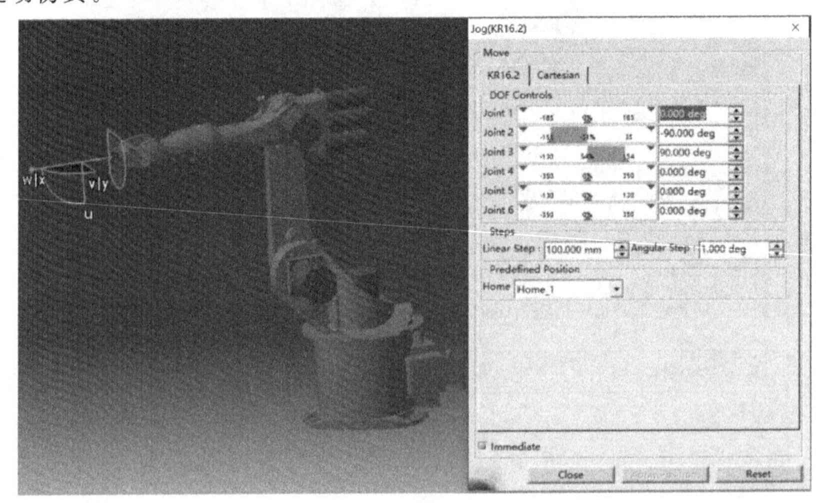

图 6－25　机器人运动

6.3.1.3　运动参数分析

“Jog”对话框包含 6 个关节(Joint)的角度位置条，机器人运动过程中，每个关节角度位置会发生变化。上述 6 个角度位置是通过如 2.4.3 节所示的机器人逆向运动学分析求解得到的。在机器人运动过程中，当某个关节运动超出范围时，角度位置条会变红；当指南针移动距离过远，超出机器人可达范围时，也会出现错误提示，如图 6－26 所示。

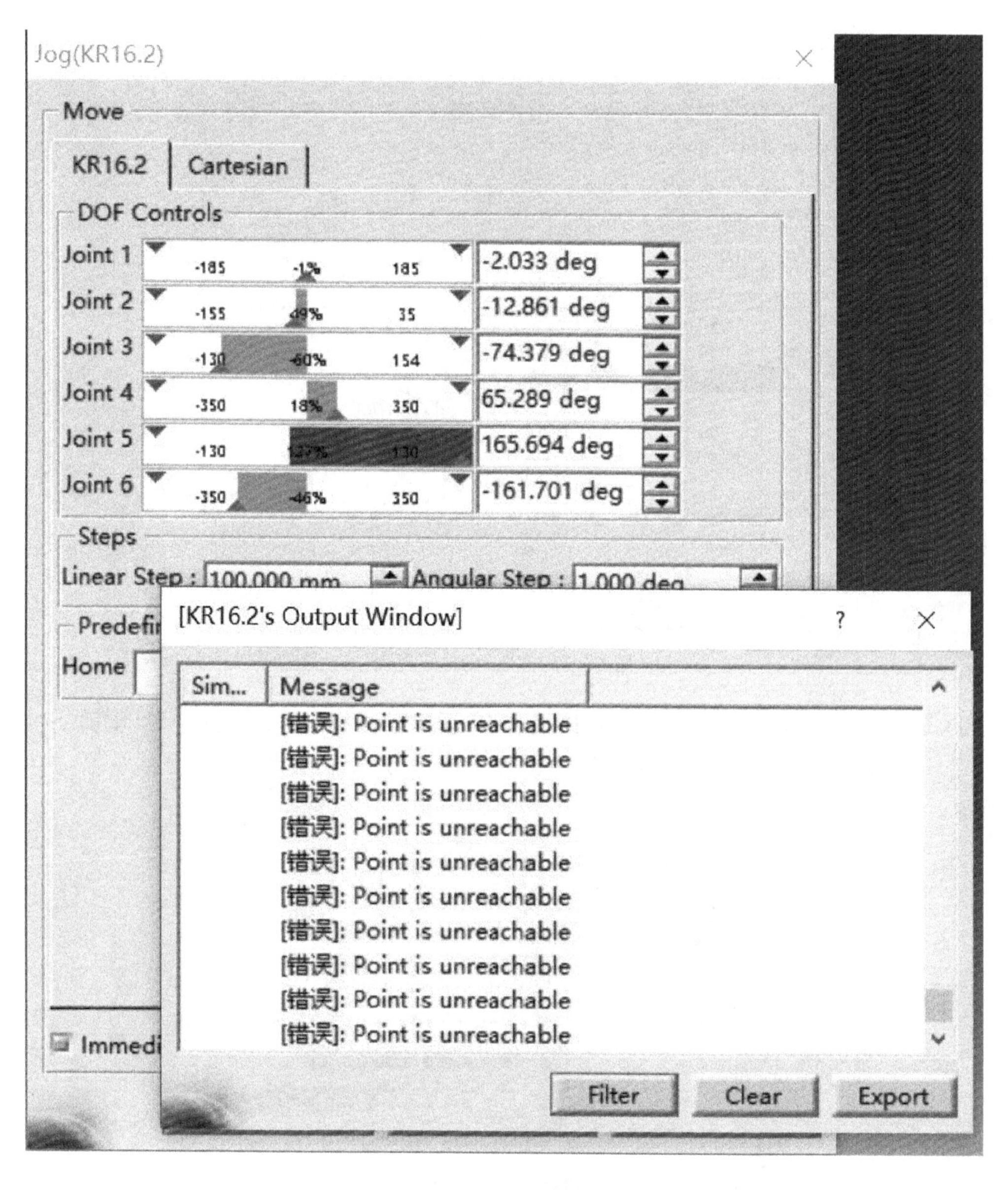

图 6－26　机器人关节臂超出运动范围/机器人不可达

在“Jog”对话框中选择“Cartesian”，如图 6－27 所示。

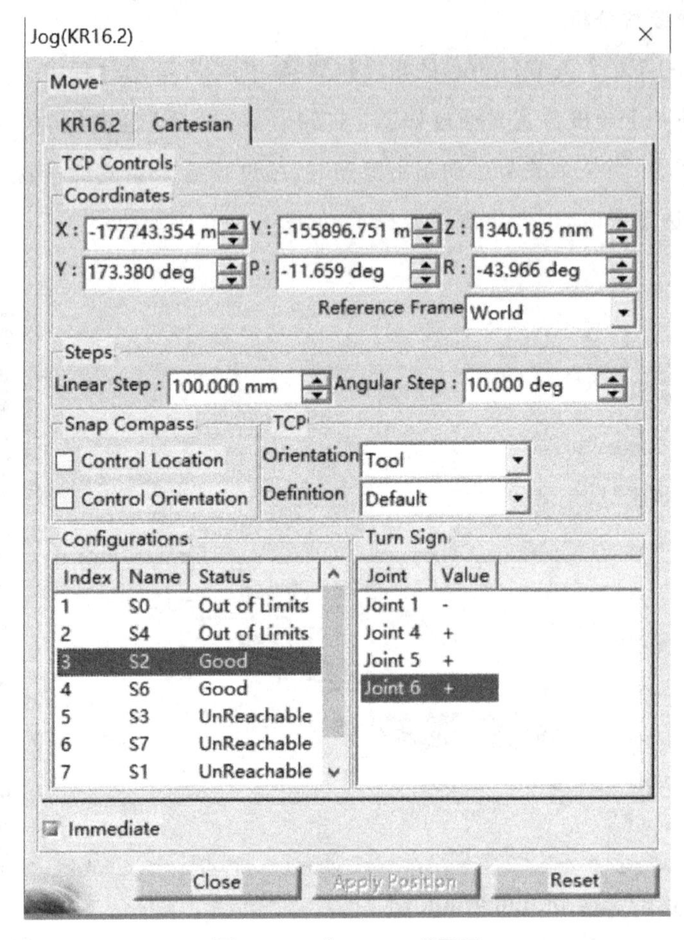

图 6-27 “Cartesian”界面

“TCP Controls”中的“Coordinates”代表 TCP 坐标系在参考坐标系内位置，上面一行表示位置，下一行表示角度，参考坐标系可以为世界坐标系、局部坐标系、基本坐标系等，如图 6-28 所示。

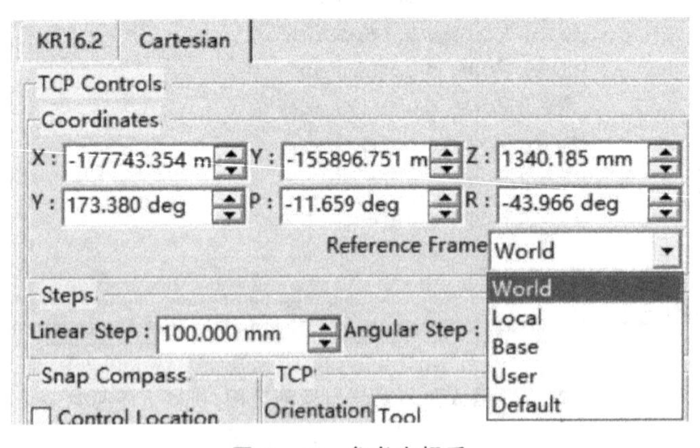

图 6-28 参考坐标系

基于 2.4.5 节的机器人逆向运动学分析，“一个机器人位姿存在着多组关节配置”，“Configurations”代表对应于同一个 TCP 坐标位姿，可选不同的机器人关节配置，如图 6－29 所示，其中 S0 和 S4 代表机器人位置可达，但某些关节运动超出设置范围，S2 和 S6 代表机器人位置和关节运动范围符合要求，S3、S7 和 S1 等代表机器人不可达。“Turn Sign”通过改变关节 1/4/5/6 的正/负号修改机器人姿态，如 S2 对应 4 个关节为“－＋＋＋”，而 S6 对应 4 个关节为“－－－－”。

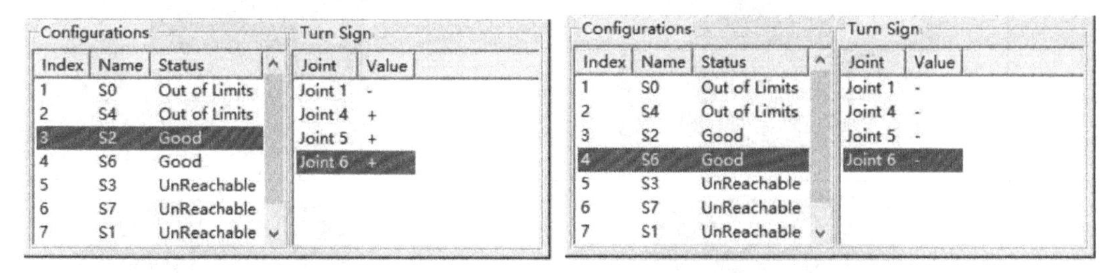

图 6－29　“Configurations”“Turn Sign”对话框

6.3.2　普通机器人运动建模

除 DELMIA 自带的机器人数据库外，还可以通过导入机器人产品模型，并构建不同位置间的运动关系，从而形成机器人运动学模型，实现其运动仿真。

6.3.2.1　机器人部件分解

依然选择 KUKA 的 KR16 型机器人，其模型来源于 KUKA 官网（在下载模块中搜索 KR16 模型），文件类型为“.stp”格式，在 DELMIA 中打开，如图 6－30 所示。

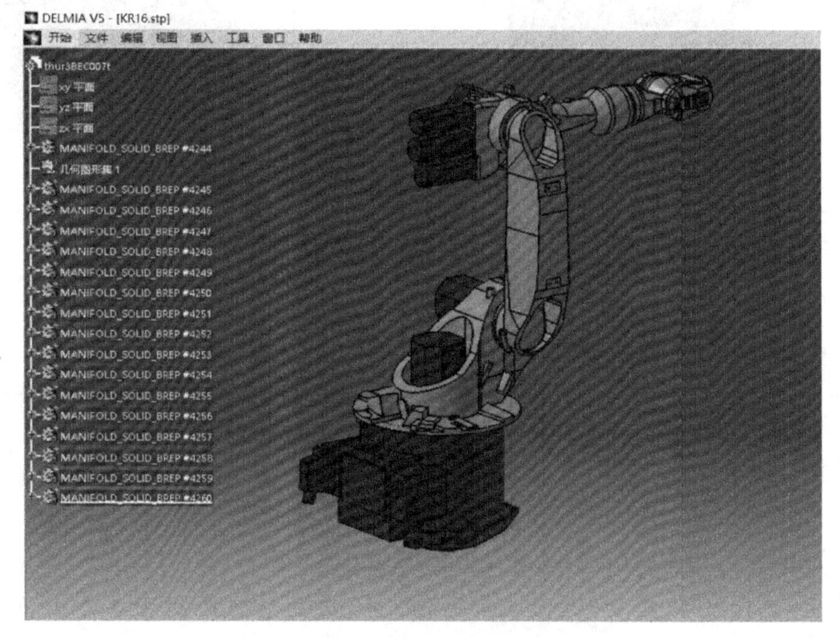

图 6－30　KUKA KR16 产品模型

基于机器人运动学基础和机械原理基础，机器人在运动过程中包含1个固定部分(基座)，以及6个串联的、相互旋转的构件，因此，在机器人运动学建模前，需要先依据其运动形式，将机器人拆分为7个构件，见表6-2，依次以A0～A6进行命名。

表6-2　机器人组成部件

构件命名	构件形式	构件命名	构件形式
A0		A4	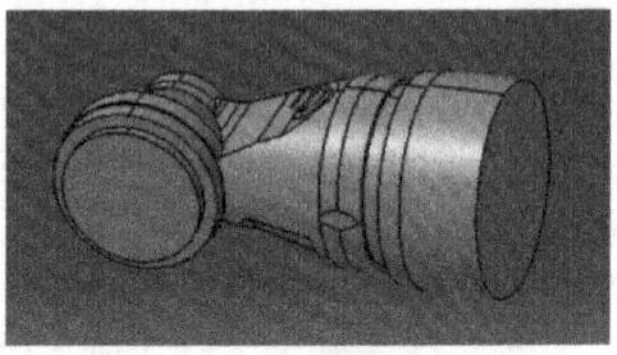
A1	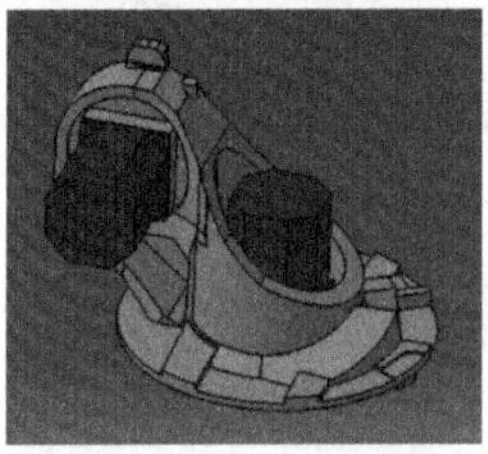	A5	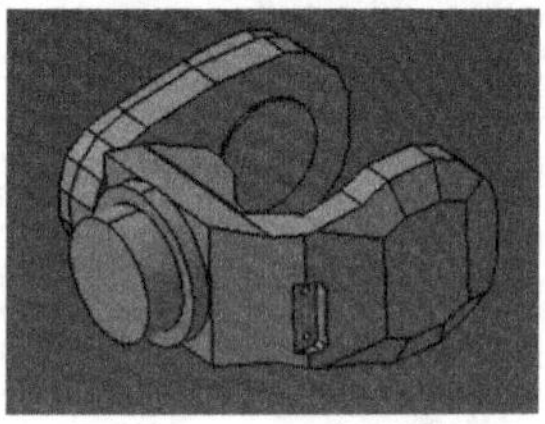
A2	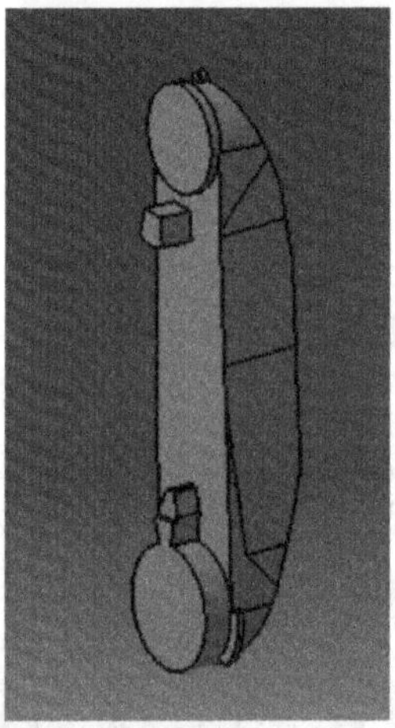	A6	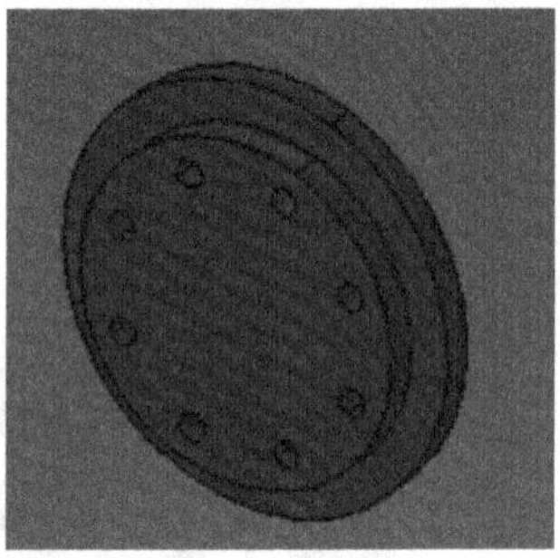
A3	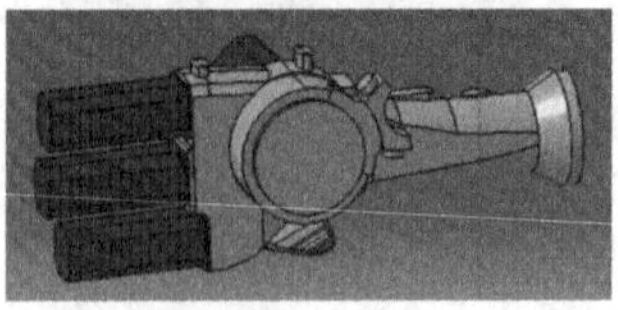		

各部分构件的建模方法如下所示：

(1) 在工作区中，通过【隐藏/显示】功能将除本构件外的其他构件隐藏。

(2) 在菜单栏中，单击【文件】→【另存为】，修改文件名称，将文件格式变为“.cgr”。

(3) 通过“Ctrl+Z”快捷键恢复已隐藏的构件，并重复上述步骤，完成A0～A6所有构件建模。

6.3.2.2　机器人机构建模及运动学参数设置

构建机器人 7 个构件间的约束关系，并对其运动学参数进行设置，实现机器人运动学建模，步骤如下：

（1）导入运动构件。在菜单栏中单击【开始】→【机械设计】→【装配设计】，单击【插入】→【具有定位的现有部件】，选择并插入 A0～A6 构件。

（2）建立各构件的参考坐标。机器人 7 个构件间包含 6 个旋转运动副，基于 6.2 节分析，需要在两个构件间建立【旋转接合】。然而，为降低仿真文件大小，机器人、末端执行器等产品一般使用“.cgr”格式，该格式的文件是一种特殊的可视化文件，它只保存了零件的外形信息，不包含任何参数化的数据，不能直接编辑，也不能直接打开。因此，通常无法选择轴线、面等信息，从而无法进行【旋转接合】设置。

对此，在机器人运动机构建模过程中，首先通过【Frames Of Interest】建立参考坐标系，两个构件旋转位置的参考坐标系重合，并绕 z 轴旋转，同时，上述方法有助于建立 2.2 节所示的各类机器人坐标系。

1）在每个构件下建立【Frames Of Interest】：在菜单栏中单击【开始】→【资源详细信息】→【Device Building】，在工具栏中双击【Frames Of Interest】→【Frame Of Interest】，依次单击 A0～A6，再次单击【Frame Of Interest】，取消激活，此时模型树各个构件下出现“Frames Of Interest”项，如图 6－31 所示。

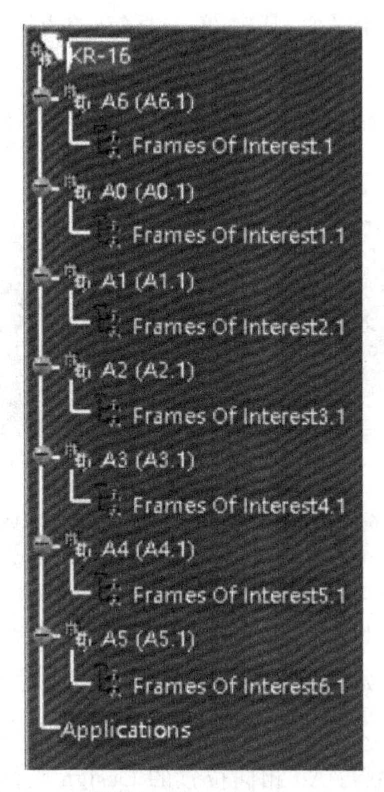

图 6－31　模型树中“Frames Of Interest”项

2）在【Frame Of Interest】下建立参考坐标系：以建立 A0 和 A1 构件间的参考坐标系为例，在工具栏中单击【Frames Of Interest】→【Frame Type】，并单击模型树中 A0 构件的“Frames Of Interest”，出现如图 6－32 所示的两个弹框“定义平面”和“Frame Type”。

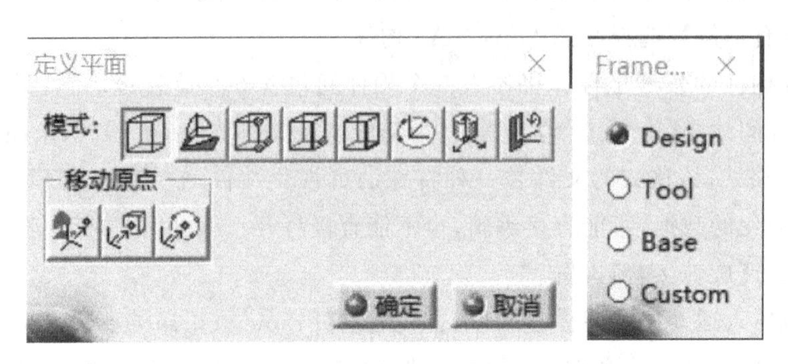

图 6－32 “定义平面”和“Frame Type”弹框

3）在“Frame Type”弹框中选择“Design”，表示此处建立的参考坐标系为设计坐标系，用于运动机构建模过程中。其他选项还包括“Tool”“Base”“Custom”坐标系，其意义参考 2.2 节内容。

4）通过“定义平面”确定参考坐标系位置，隐藏 A1 构件：首先，单击“定义平面”选项，选取 A0 上表面，坐标系 z 方向垂直于平面，其次，单击“移动原点”中的“在圆心定义原点”，并选择 A0 上表面圆柱上的任意 3 个点，此时坐标系原点平移至圆心位置，最后，单击“使用指南针定义平面”，指南针移动到坐标位置，点击“确定”完成参考坐标系建立，如图 6－33 所示。

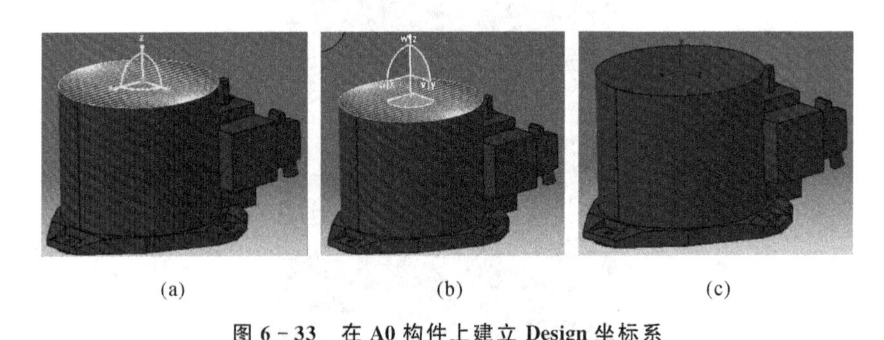

(a) (b) (c)

图 6－33 在 A0 构件上建立 Design 坐标系

(a)选择平面；(b)选择圆心并移动指针；(c)建立 Design 坐标系

5）在相同位置在 A1 构件上建立对应的 Design 坐标系：首先，在模型树上选择并右键单击复制 A0 构件下的“Design”，如图 6－34 所示，然后在 A1 构件的“Frames Of Interest”下右键单击“选择性粘贴”，在弹出的对话框中选择“断开链接”，并点击“确定”，不粘贴关联关系和属性的前提下在 A1 构件上建立与 A0 相同位置的 Design 坐标系，至此，完成了 A0/A1 两构件间运动副 Design 坐标系的建立。

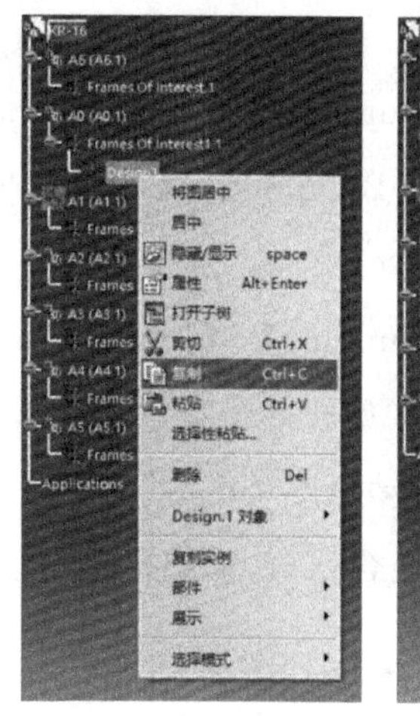

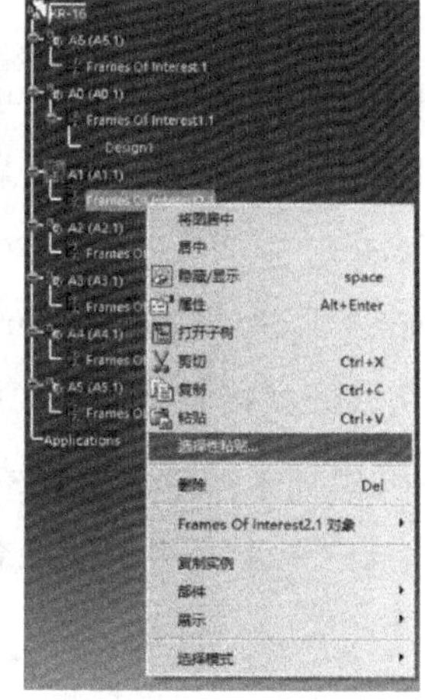

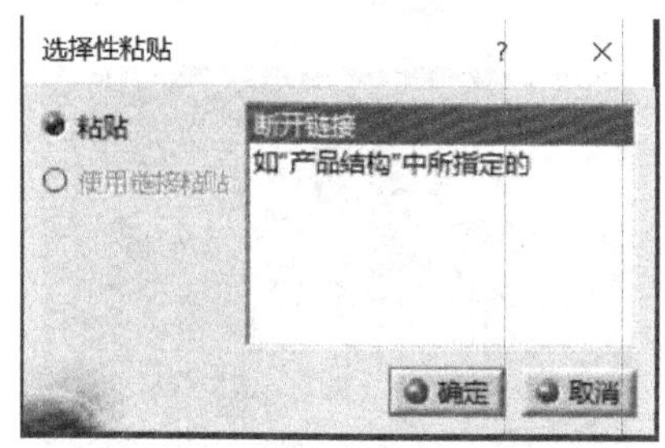

图 6-34　在 A1 构件上建立 Design 坐标系

6）重复 2）～5）步骤，在相应的旋转位置，完成 A1/A2、A2/A3、A3/A4、A4/A5、A5/A6 构件间 Design 坐标系的建立，坐标系 z 轴为旋转轴。

7）在 A0 轴底部建立 Base 坐标系、A6 轴前端建立 Tool 坐标系，建立方法与 Design 坐标系建立步骤相同，分别选择 Base 和 Tool 即可。其中，Base 坐标系 z 轴向上，x 轴方向与机器人小臂方向一致；Tool 坐标系 z 轴向 A6 法兰外侧，x 轴向上。在坐标系建立过程中，当所示的指南针方向和位置与要求不一致时，双击指南针任意位置，出现如图 6-35 所示的"用于指南针操作的参数"弹框，通过修改其中的"平移增量""旋转增量"数值，并单击后面不同方向的箭头，能够实现沿 $u/v/w$ 轴正方向或反方向的平移、旋转。

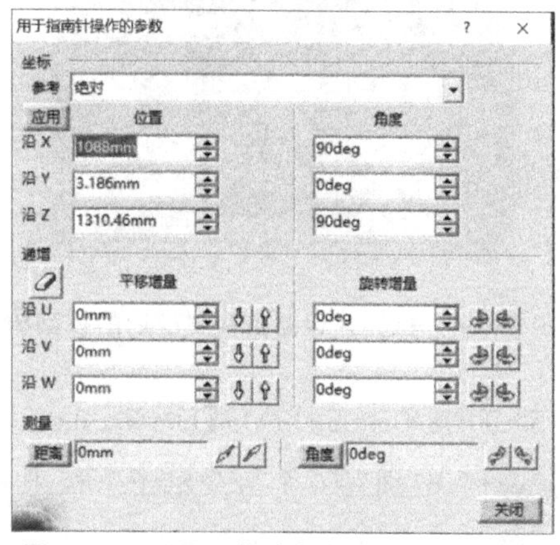

图 6-35　"用于指南针操作的参数"弹框

(3)建立机器人运动机构。

1) 新建机械装置:单击工具栏的【Device Building】→【New Mechanism】,新建机械装置。

2) 选择固定构件:单击工具栏的【Device Building】→【Fixed Part】,再单击机器人 A0 构件。

3) 建立旋转约束:单击工具栏的【Device Building】→【Joint from axis】,弹出弹框,以 A0/A1 间的旋转接合约束为例,修改“接合类型”为“旋转接合”,依次选择 A0/A1 间的旋转接合约束在 A0 和 A1 上的 Design 坐标系,并勾选“驱动角度”,点击“确定”。

4) 依据步骤 3),依次建立剩下 5 组旋转接合约束,模型树上“机械装置”设置如图 6-36 所示。

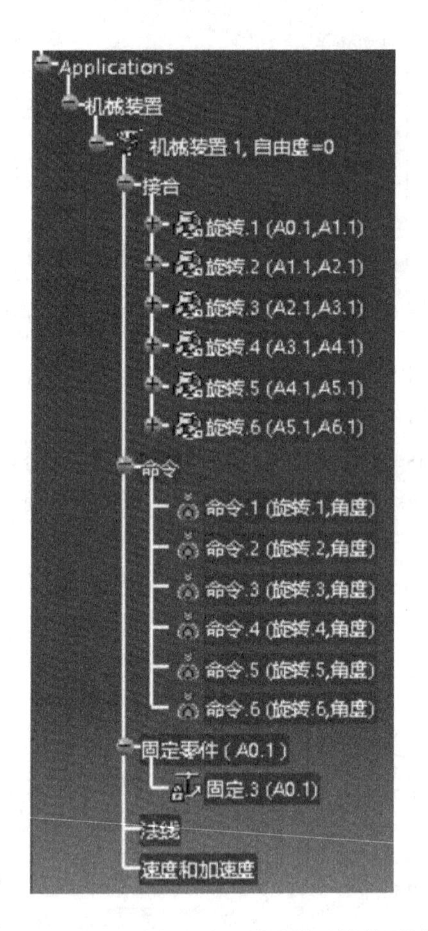

图 6-36　机器人运动机构建模后的模型树

5) 赋予 6 个旋转接合运动范围:单击工具栏中【Device Attributes】→【Travel Limits】,弹出“Modify Command Limits”弹框,分别对 6 个命令赋予下极限和上极限,如图 6-37 所示,并单击“确定”。

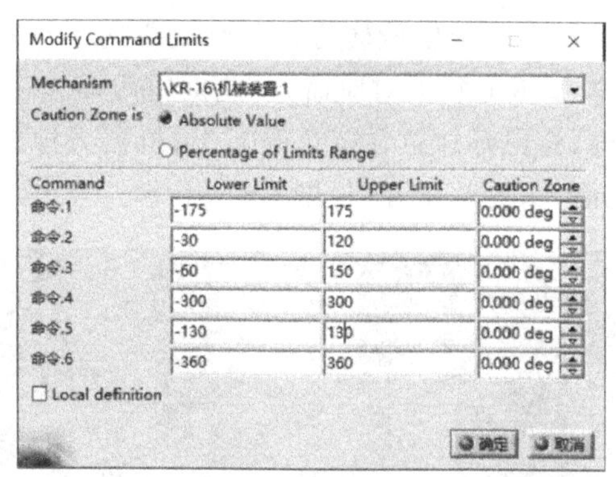

图 6-37　"Modify Command Limits"弹框

6）机器人点动：单击工具栏中【Device Analysis】→【Jog Mechanism】，再单击机器人模型，出现如图 6-38 所示的"Jog"弹框，可以通过调整"Jog"中各命令的进度条来调整位置。当运动超出极限范围时，进度条会变为红色，除此之外，将鼠标放在机器人相应轴上，出现圆弧箭头后，长按鼠标左键并移动鼠标，该轴会发生旋转运动（见图 6-39）。

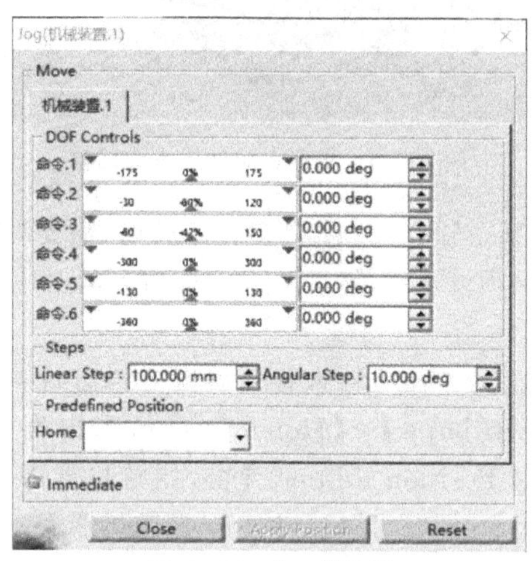

图 6-38　"Jog"弹框

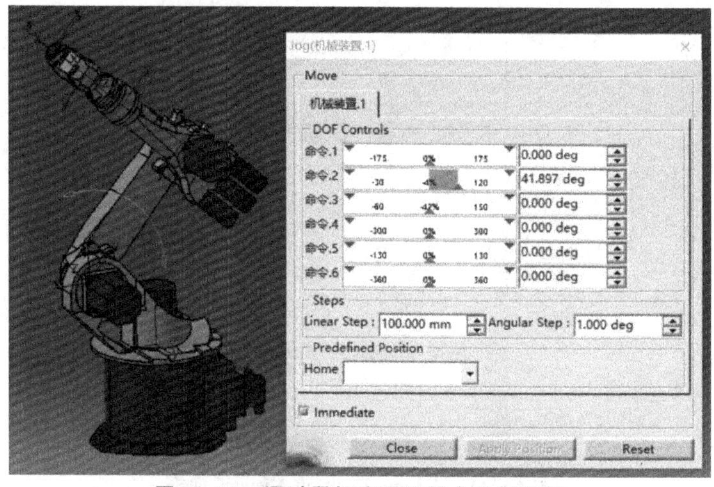

图 6-39　通过鼠标实现机器人单轴旋转

7）旋转方向调整：当机器人某个轴旋转方向与预设方向不符时，需要对运动方向进行调整。以 A1 轴旋转为例，在模型树上双击对应命令（此例中为命令 1），模型高亮显示并出现蓝色箭头以及“编辑命令”弹框，将鼠标放置在蓝色箭头上，机器人模型将沿正方向选择，如方向与预设方向相反，单击蓝色箭头，更改正方向（见图 6－40）。

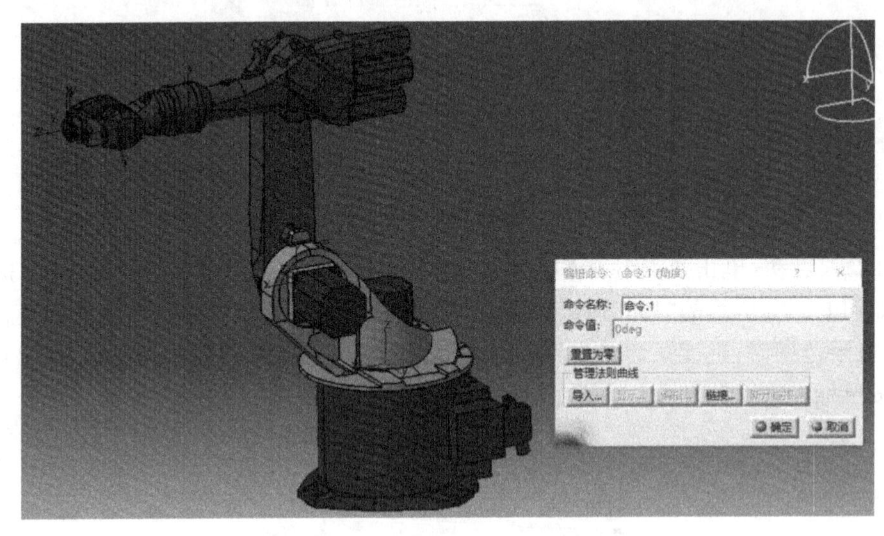

图 6－40　机器人旋转正方向调整

8）重置零位：当机器人某个轴旋转零位与预设不符时，需要对零位进行重置，具体方法为在“Jog”中将对应命令调整到预设零位，然后双击模型树上的对应命令，在“编辑命令”中点击“重置为零”，点击“确定”。

9）保存机器人初始姿态：为方便机器人移动后恢复到初始姿态，需要设置机器人 Home 点，单击工具栏的【Device Attributes】→【Home Position】，出现“Home Position Viewer”弹框，单击“New”，出现“Home Position Editor”弹窗，调整机器人姿态后，单击“Close”，出现“New Home”，如图 6－41 所示，此时可以通过“Jog”调整机器人姿态后，单击选择“Home”，机器人便恢复到了初始位姿。

图 6－41　“Home Position Viewer”弹框

6.3.2.3　机器人逆向运动学参数设置

通过运动机构建模，能够实现机器人各个运动轴的旋转，然而机器人运动是 6 个轴相互配合从而实现到达指定位置的过程，通过如 2.4.5 节的机器人逆向运动学求解，能够实现上述功能，因此，在机器人运动机构建模后，需要开展其逆向运动学参数设置。

单击工具栏中的【Inverse Kinematics Definition】→【Inverse Kinematics】，弹出如图 6－42 所示的“Inverse Kinematic Attributes”弹窗，从而对机器人的逆向运动学参数进行设置。

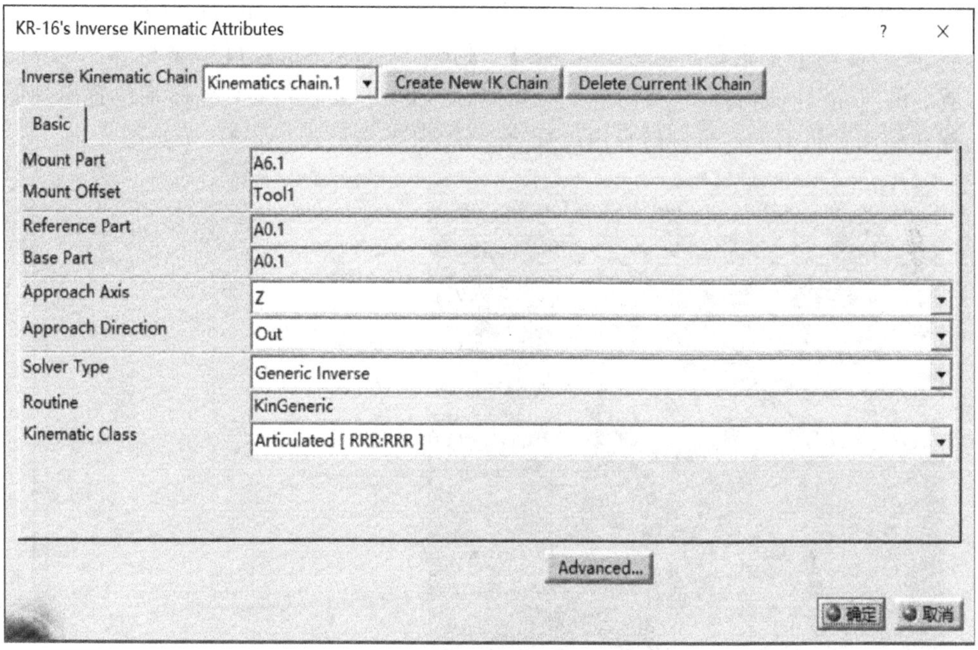

图 6－42　“Inverse Kinematic Attributes”弹框

（1）“Mount Part”设置机器人末端执行器的安装构件，即机器人 A6 轴。

（2）“Mount Offset”设置机器人工具坐标系，即 6.3.2.2 节中模型树上的 Tool 坐标系。

（3）“Reference Part”和“Base Part”设置机器人的极坐标所在构件，即机器人 A0 轴。

（4）“Approach Axis”和“Approach Direction”分别选择“Z”和“Out”。

（5）“Solver Type”设置机器人逆向运动学求解器类型，选择“Generic Inverse”（一般逆向运动学算法）。

（6）“Kinematic Class”设置机器人运动类型，包括“Cartesian”（笛卡儿型）、“SCARA”（平面关节型）、“Cylindrical”（圆柱坐标型）、“Block”（立方体型）、“Bore”（Bore 型）、“Articulated”（关节型）、“Spherical”（球型）、“Pendulum”（钟摆型），每种类型后方括号中的 6 个字母表示其 6 个自由度，其中 R 表示旋转运动，T 表示平移运动，选择“Articulated [RRR;RRR]”，代表关节型运动机器人的 6 个自由度为旋转运动（见图 6－43）。

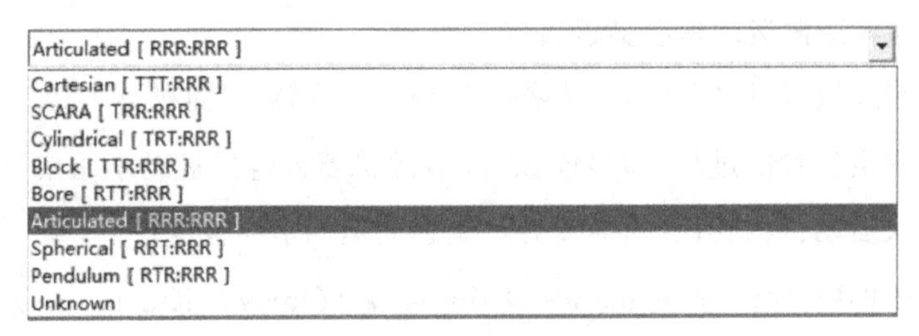

图 6-43 “Kinematic Class”弹框

(7) 点击“确定”,模型树出现“Controller”选项,表示对机器人添加控制器。

(8) 在工具栏中单击【Device Analysis】→【Jog Mechanism】,再单击机器人,出现如图 6-44所示的“Jog”弹框,其形式与图 6-39 相似,区别在于机器人工具坐标系位置出现绿色指南针,拖动指南针机器人 6 个旋转自由度配合运动,其参数形式与 6.3.1 节类似。

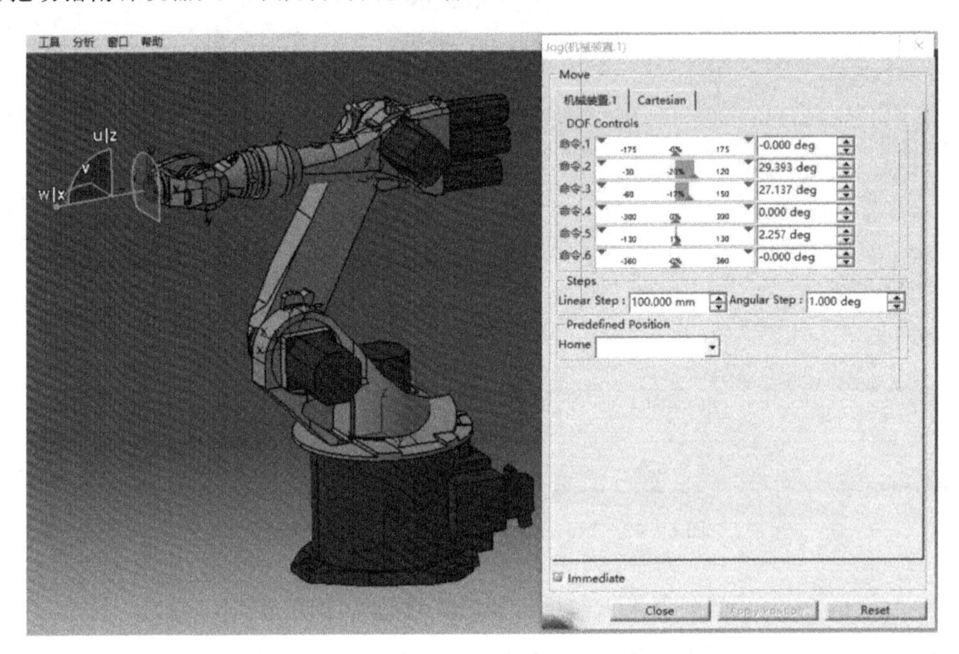

图 6-44 “Jog”弹框

6.3.3 带平衡器的机器人运动建模

关节臂机器人各轴的重心不通过其旋转轴,其在运动过程中会产生偏心重力矩,且上述力矩随着机器人运动的位置、速度、加速度的变化而改变,对机器人的运动学、动力学特性、稳定性等具有很大的影响。因此,一部分机器人,特别是大载重机器人,需要通过安装平衡器以提高机器人的稳定性。

常见的平衡器为液压-气动式平衡器,其结构为气缸-活塞,其中气缸通过铰链连接在机器人腰部,活塞通过铰链连接在机器人大臂,当机器人大臂运动时,活塞随之前后运动。平衡器能够减小各关节的驱动力和驱动功率,有效减少驱动系统质量和体积,并且能够有效减小不平衡力矩的波动,有利于控制和改善机器人动力学特性,提高定位精度,除此之外,还可以减少传动载荷和结构磨损。

本节以 KUKA KR340_R3330 机器人为例，介绍带平衡器的机器人运动仿真，机器人模型可以通过 KUKA 官网下载。在运动学建模前，删除模型中与运动建模无关的管线，如图6－45所示。

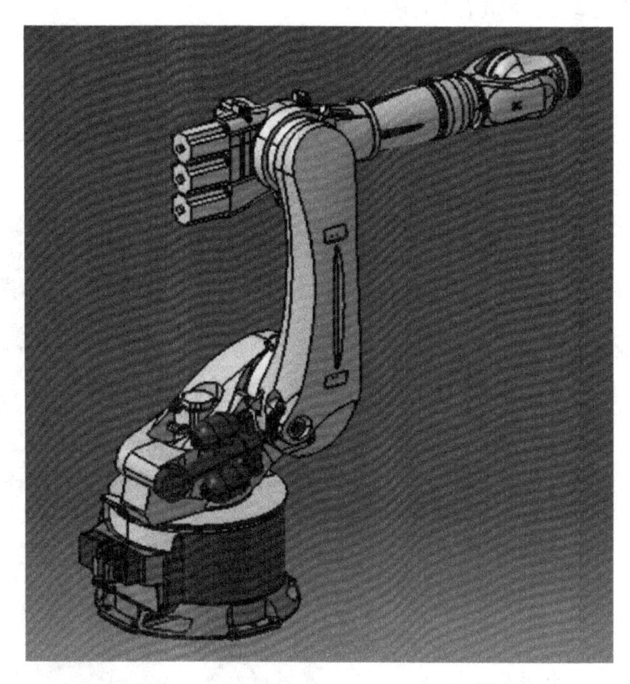

图 6－45　KUKA KR340_R3330 机器人

KUKA KR340_R3330 机器人建模与 KUKA KR16 型机器人建模过程存在以下两类主要区别：

(1) 除机器人 7 个主要部分外，平衡器包含活塞和气缸两部分。

(2) 除机器人 7 个主要部分间存在 6 个旋转运动副外，还存在 3 个运动副，分别是气缸-机器人腰部的旋转运动、活塞-机器人大臂的旋转运动、气缸-活塞间的活塞运动。

因此，KUKA KR340_R3330 机器人运动学建模步骤如下：

(1)机器人部件分解同 6.3.2.1 节，多出活塞和气缸部分，分别名为“SHAFT”和“CYLINDER”，见表 6－3。

表 6－3　机器人其余部分构件

构件命名	构件形式	构件命名	构件形式
SHAFT		CYLINDER	

(2)机器人机构建模及运动学参数设置，机器人主体部分同 6.3.2.2 节，不同之处在于：

1）建立参考坐标系：依次在气缸-机器人腰部的旋转位置、活塞-机器人大臂的旋转位置建立 2 对参考坐标系，坐标系类型为“Design”，在气缸-活塞同一截面位置建立参考坐标系，要求坐标系 z 轴与活塞运动方向重合，见表 6-4。

表 6-4　参考坐标系示意图

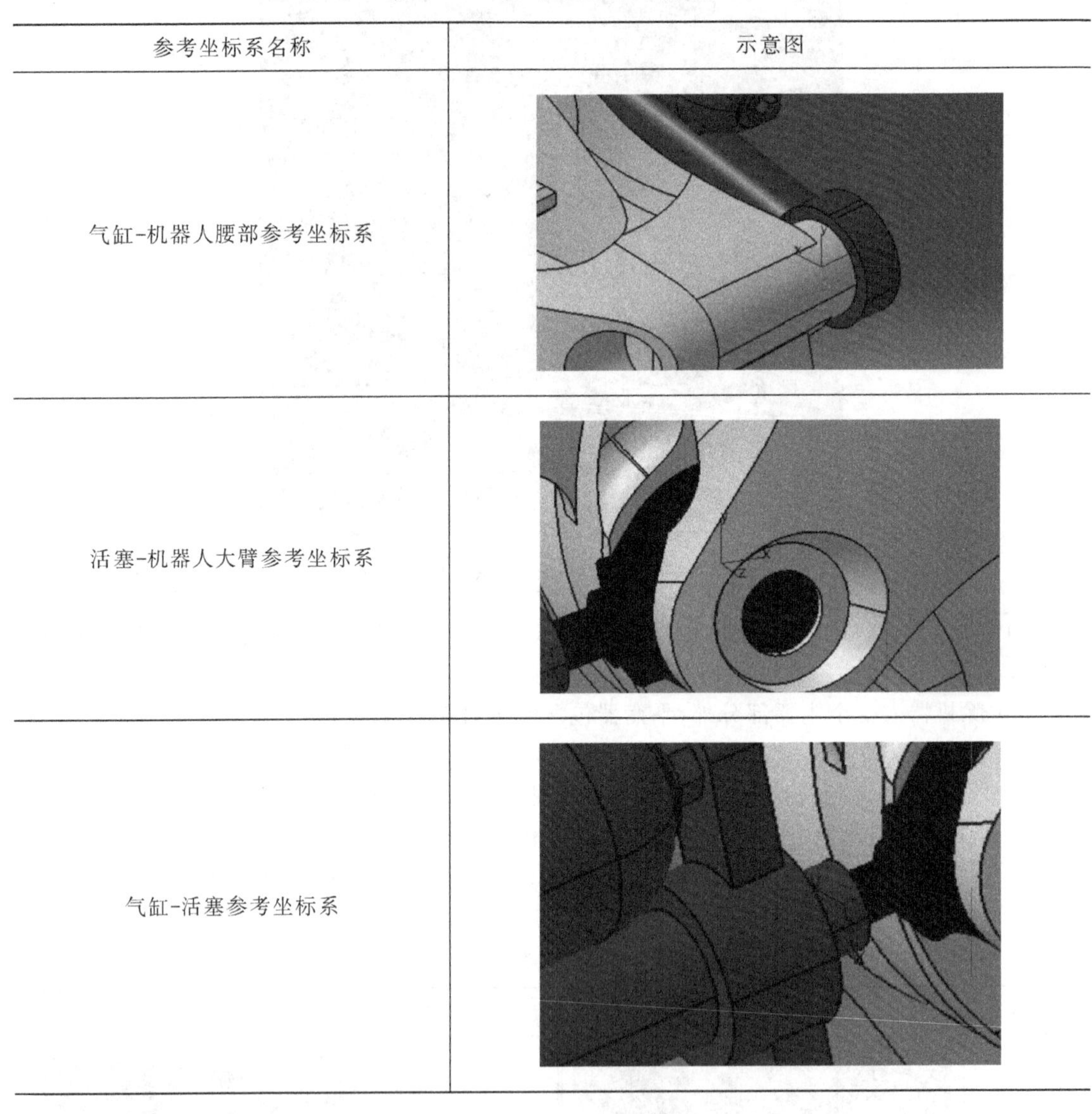

参考坐标系名称	示意图
气缸-机器人腰部参考坐标系	
活塞-机器人大臂参考坐标系	
气缸-活塞参考坐标系	

2）建立机器人运动机构：参照 6.3.2.2 节，在机器人 7 个轴间建立旋转约束，并为每个旋转约束定义“驱动角度”，建立气缸-机器人腰部的旋转运动副、活塞-机器人大臂的旋转运动副，不选择“驱动角度”，此时出现“再也无法模拟机械装置”，模型树上机构自由度数变为 1，如图 6-46 所示。

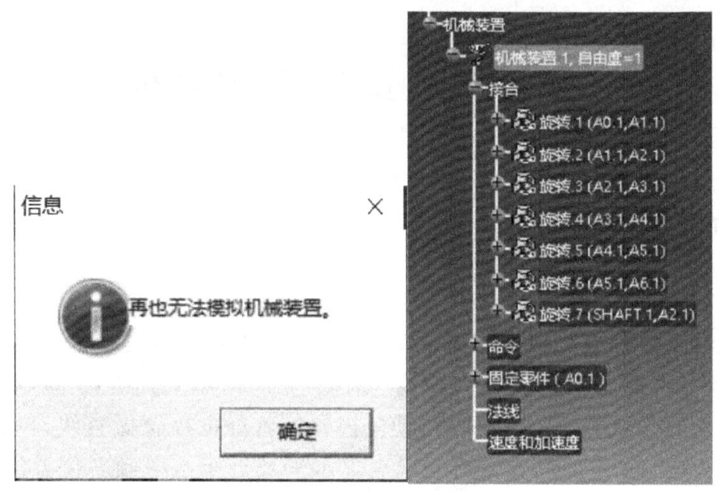

图 6-46　无法进行模拟

建立气缸-活塞间的圆柱面接合，如图 6-47 所示，重新出现“可以模拟机械装置”弹框。

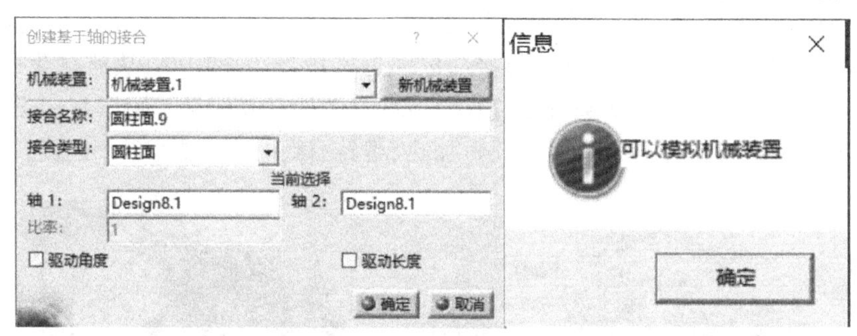

图 6-47　定义圆柱面接合

对机器人进行点动设置(见图 6-48)，此时平衡器活塞和气缸随着机器人运动而运动。

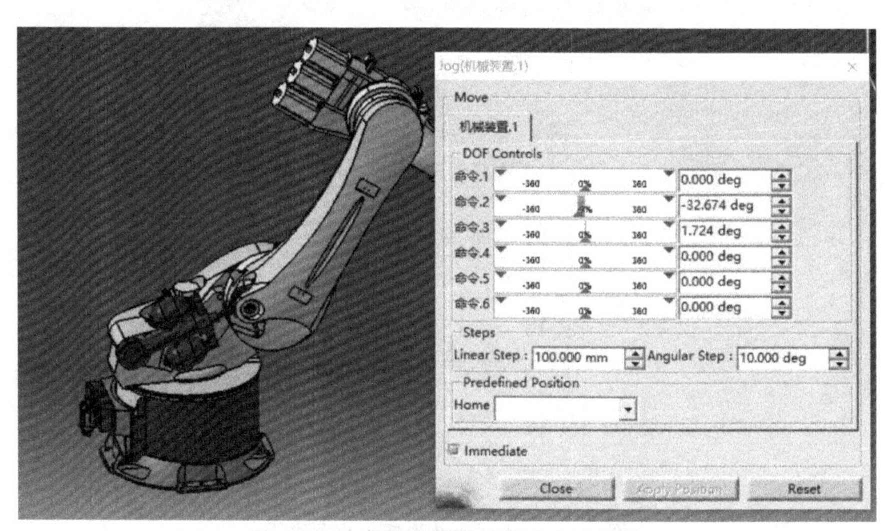

图 6-48　带平衡器的机器人点动设置

3) 建立机器人基本坐标系和工具坐标系，并进行机器人逆向运动学参数设置，如 6.3.2.3 节所示。

6.4 其他运动机构建模

6.4.1 焊枪机构建模

6.4.1.1 焊枪介绍

焊枪作为机器人焊接的直接工作工具，对机器人的焊接质量具有很大的影响。根据不同的结构，焊枪主要分为C型焊枪和X型焊枪，如图6－49所示。其中：C型焊枪主要用于点焊垂直及近于垂直倾斜位置的焊缝，加压时，动电极臂朝着静电极臂做直线运动，静电极臂的运动方向就是加压方向；而X型焊枪主要用于点焊水平及近于水平倾斜位置的焊缝，加压时电极做圆弧运动。焊接时应根据分配规划好的焊接点选择焊钳并最终确定焊钳的参数（包括喉深、喉宽、大小开行程、上下电极臂的长度）及焊枪安装法兰的形式。

焊接过程中，将被焊接件置于两个电极之间，并施加电压。由于零部件的电阻值相对较大，当电流经过此零部件的时候会造成焊接部位邻近区域产生电阻热，从而融化两个零部件，将其牢固地结合在一起。电焊接头形成过程示意图如图6－50所示。通常把一个焊接点形成的全过程称为一个点焊循环，由预加压、通电加热、维持、休止4个基本程序组成。

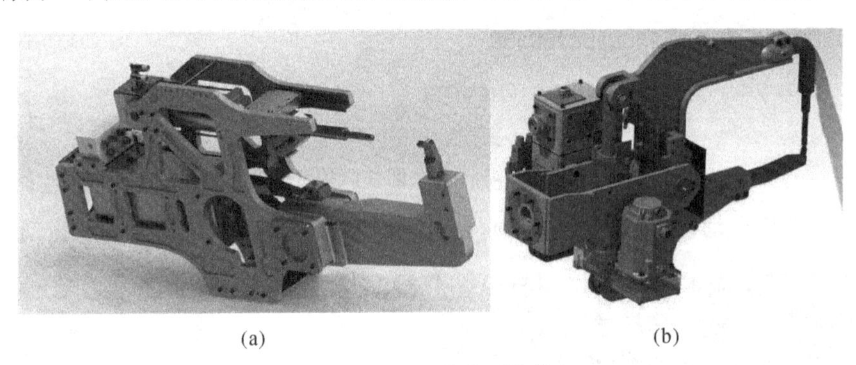

(a) (b)

图6－49 两种类型焊枪

(a) C型焊枪；(b)X型焊枪

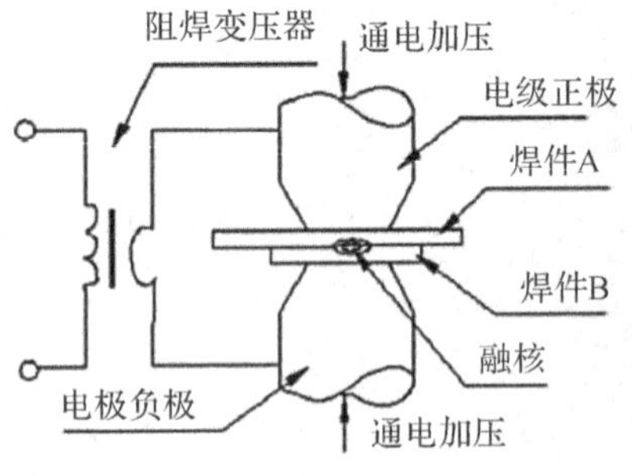

图6－50 电焊接头形成过程示意图

6.4.1.2 焊枪机构建模及运动仿真

选择如图6－51所示的C型和X型两种焊枪开展机构建模和运动仿真。

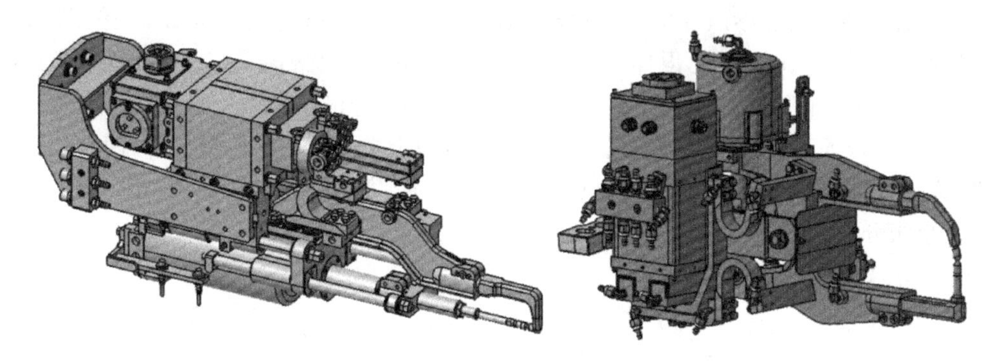

图 6-51　焊枪模型

(1)C 型焊枪建模。

1) 焊枪机构分解。C 型焊枪模型包含大量零件,多数零件在其焊接过程中不发生相对运动,可以认为是固联结构,因此为方便运动仿真、降低模型大小,需要依据其运动形式进行分解,将具有相同运动状态的零件整合为一个构件模型。

C 型焊枪焊接臂以旋转形式实现张开、闭合,从而夹紧产品进行焊接。基于其运动形式,将其划分为如表 6-5 所示的 3 部分运动结构。首先,在 DELMIA 的【装配设计】模块中打开"RTC-C0661L"文件,在工作区中,通过【隐藏/显示】功能将除所选构件外的其他构件隐藏;在菜单栏中,单击【文件】→【另存为】,修改文件名称,将文件格式变为".cgr";通过"Ctrl+Z"快捷键恢复已隐藏的构件,并重复上述步骤完成 Base、Up_arm 和 Low_arm 等 3 个构件的建模。

表 6-5　RTC-C0661L 机构分解

构件命名	构件形式
Base	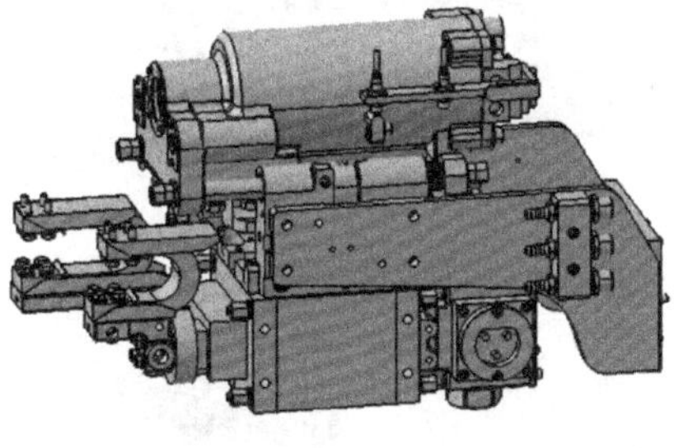
Up_arm	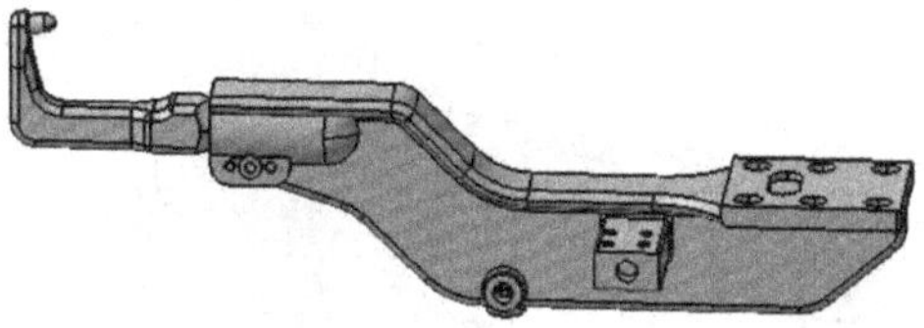
Low_arm	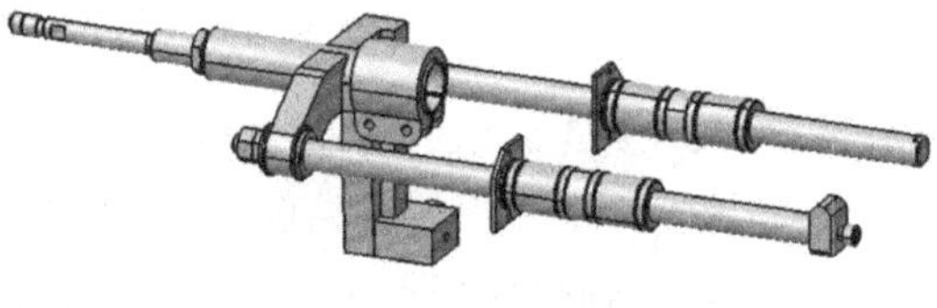

2）焊枪运动建模。参照 6.3.2.2 节导入 Base.cgr、Up_arm.cgr、Low_arm.cgr 模型，建立"机械装置"，定义 Base 为固定构件；建立 Base - Up_arm 以及 Base - Low_arm 件的棱形接合，实现 Up_arm 和 Low_arm 的平移运动，两者间的"Design"坐标系位置无特殊要求，仅需保证坐标系 z 轴为运动方向即可；通过【Prismatic Joint】定义两者间的棱形接合，两者均为"距离驱动"；通过"Home Position"定义焊枪 3 个运动位置，如图 6 - 52 所示，分别定义为闭合(close)、半张开(semi_open)、张开(open)。

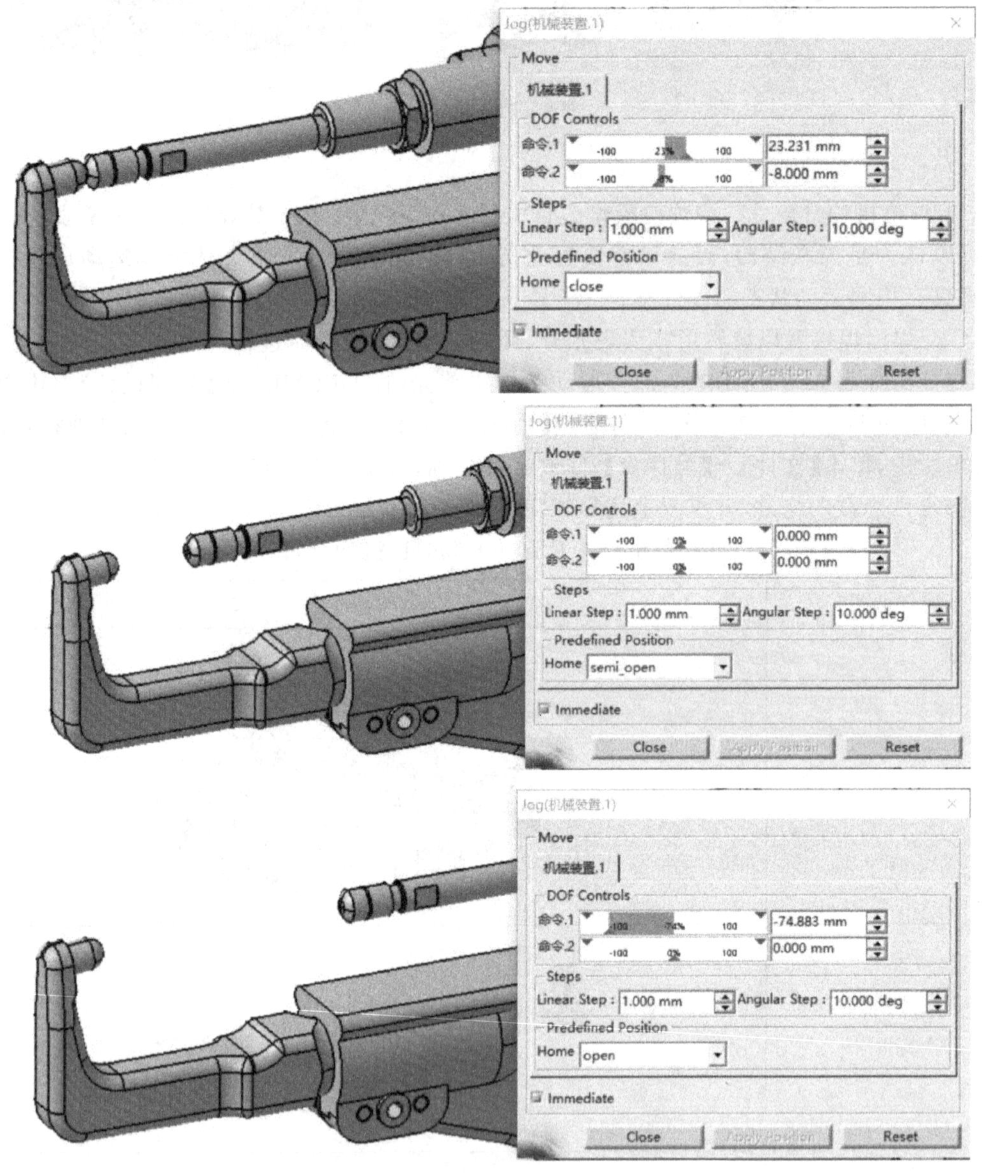

图 6 - 52　C 型焊枪的 3 种状态

3）焊枪坐标系构建。参照 6.3.2.2 节建立焊枪基本坐标系和工具坐标系，其中基本坐标系在焊枪法兰中心，工具坐标系在焊接臂接触位置，如图 6 - 53 所示，要求基本坐标系 z 轴向内，x 轴向上，工具坐标系 z 轴指向焊枪主体方向，x 轴向下。

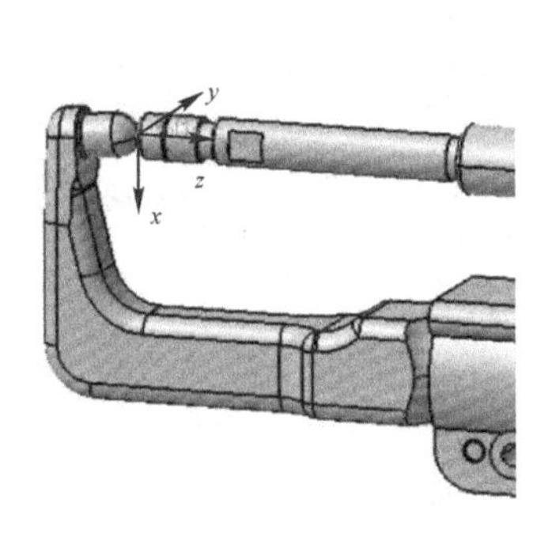

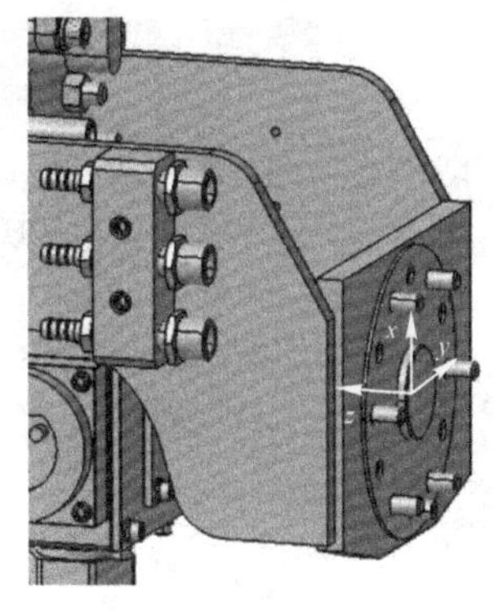

图 6-53　C 型焊枪工具坐标系和基本坐标系

(2)X 型焊枪建模。打开 X 型焊枪“XJ30-3315”模型，对其机构划分见表 6-6。定义 Base 为固定构件，建立 Base-Up_arm 以及 Base-Low_arm 件的旋转接合，分别定义为闭合(close)、半张开(semi_open)、张开(open)3 种状态(见图 6-54)，并建立基本坐标系、工具坐标系(见图 6-55)。

表 6-6　XJ30-3315 机构分解

构件命名	构件形式
Base	
Up_arm	
Low_arm	

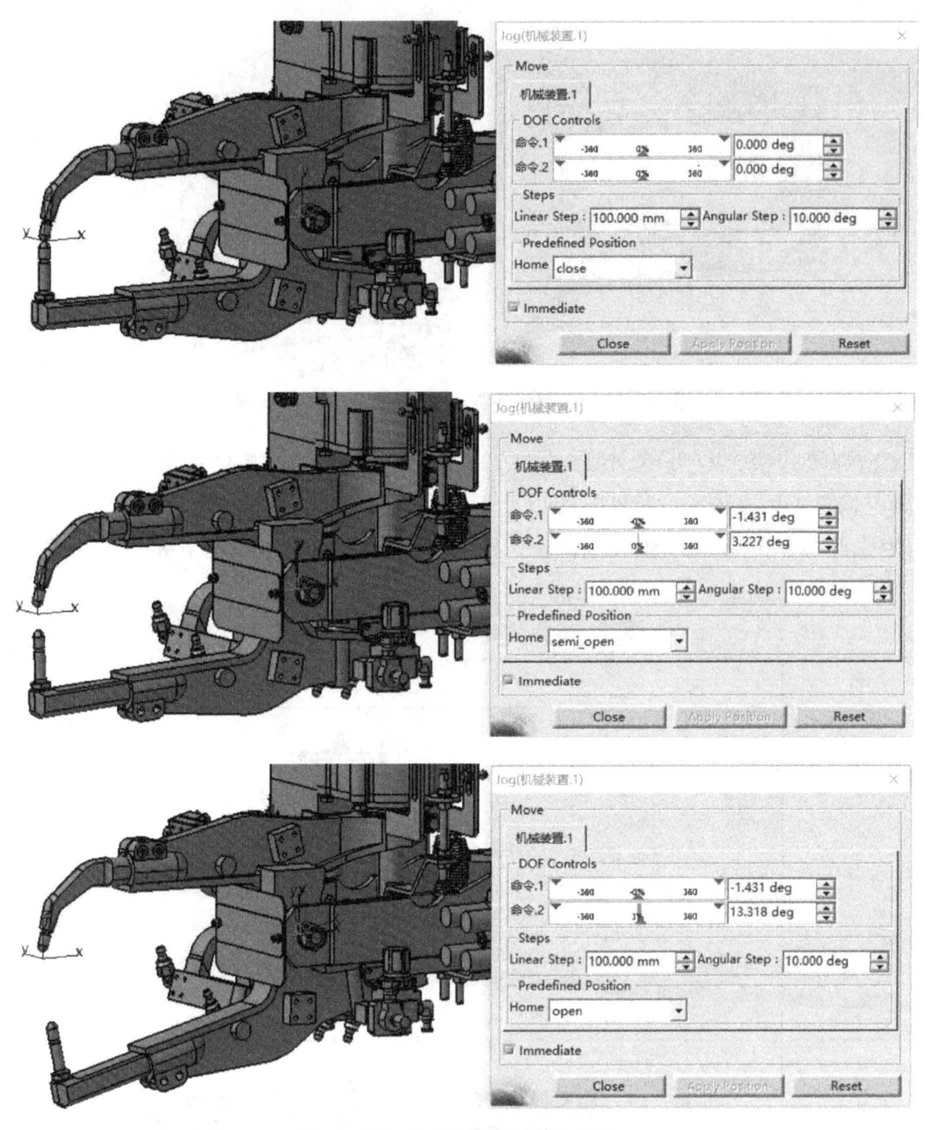

图 6-54　X 型焊枪的 3 种状态

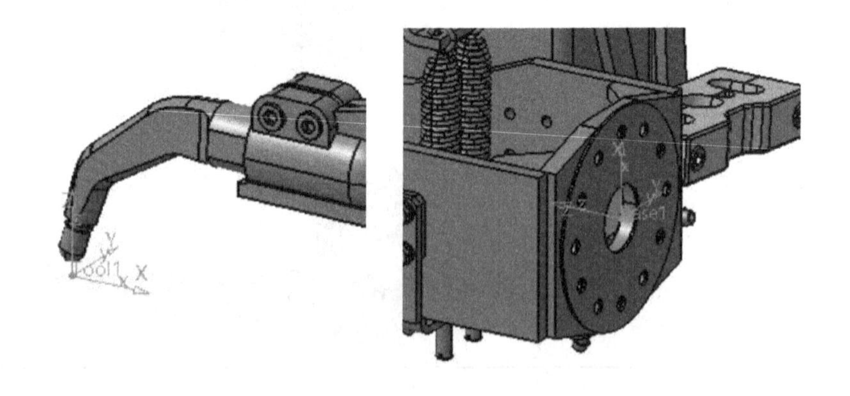

图 6-55　X 型焊枪工具坐标系和基本坐标系

6.4.2　工装夹紧机构建模

工装结构用于在产品装配过程中对其进行定位、夹紧，其结构上存在大量夹紧机构，以如图 6 - 56 所示的后背门外板焊接夹具为例进行工装夹紧机构建模仿真。

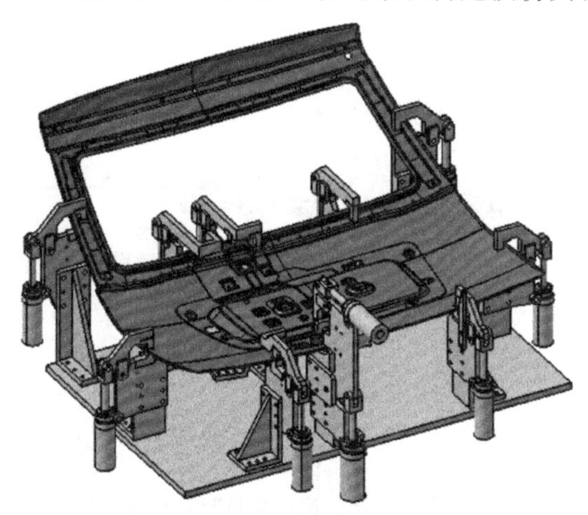

图 6 - 56　后背门外板焊接夹具模型

上述模型由大量几何体组成，其机构建模难点在于模型分解，下面以其固定机构和一个夹紧机构为对象开展运动机构建模。

6.4.2.1　模型分解

由于夹具是通过气缸推动活塞来实现夹紧操作的，因此，除气缸、活塞、压紧块外，其余几何体均可归为固定机构。

(1)分解固定机构。

1) 进入“装配设计”模型，在模型树上右键单击，选择“部件”→“新建零件”，从而在模型树上添加一个新的零件，将零件重命名为 Base。

2) 在模型上双击如图 6 - 57 所示的底板，进入【零件设计】模块，并通过模型树激活的部分找到对应的几何体。

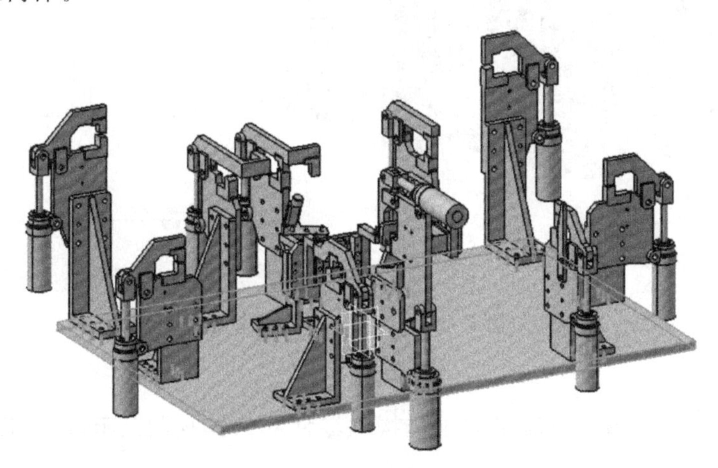

图 6 - 57　双击选择底板零件

3）在模型树上右键单击，复制相应的零件几何体，再在模型树上选择新建的 Base 的“零件几何体”，右键单击选择“选择性粘贴”→“按结果”，并点击“确定”，如图 6-58 所示，此时底板的零件几何体被复制到新建的 Base 零件中。为区分 Base 中的零件几何体和原几何体，可以在模型树的 Base 零件上右键单击“属性”→“图形”，并将图形颜色变为其他颜色，如图 6-59 所示。

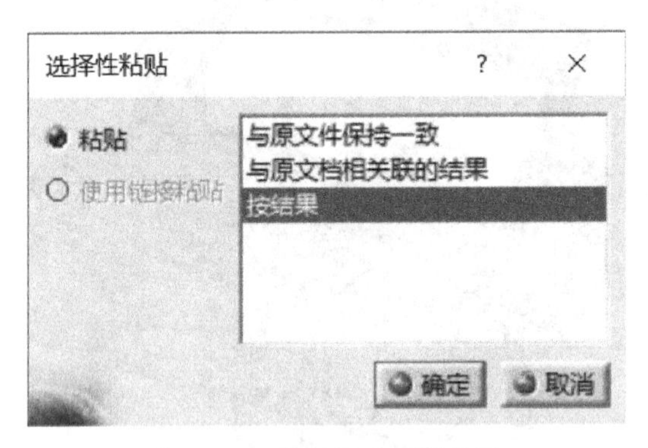

图 6-58　按结果选择性粘贴

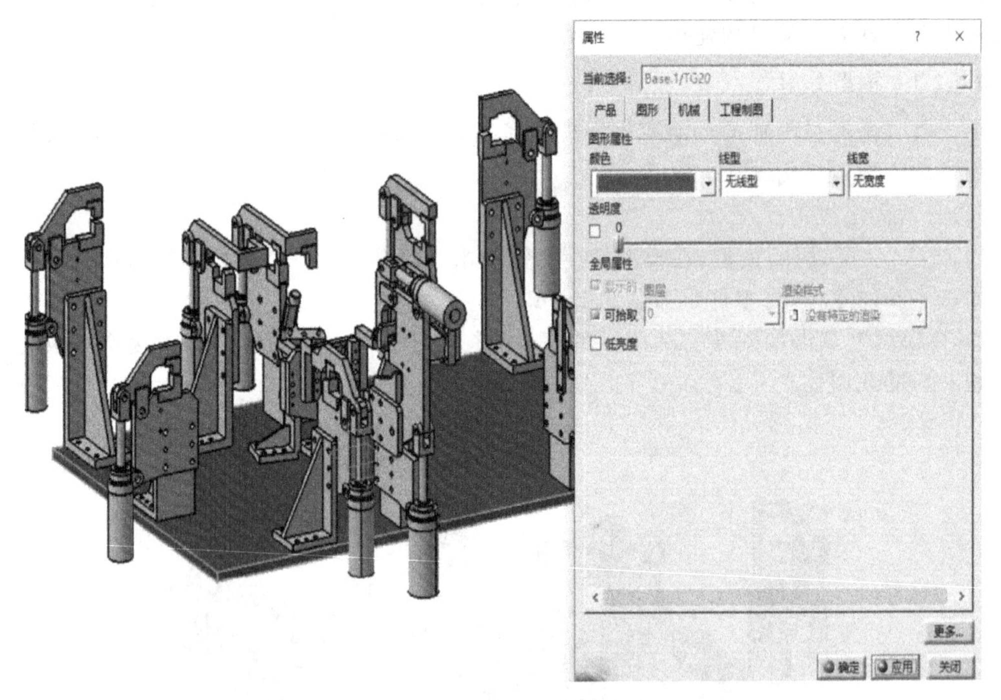

图 6-59　改变 Base 零件颜色

4）重复上述操作，将其他属于固定机构的零件几何体复制到 Base 零件下，如图 6-60 所示。

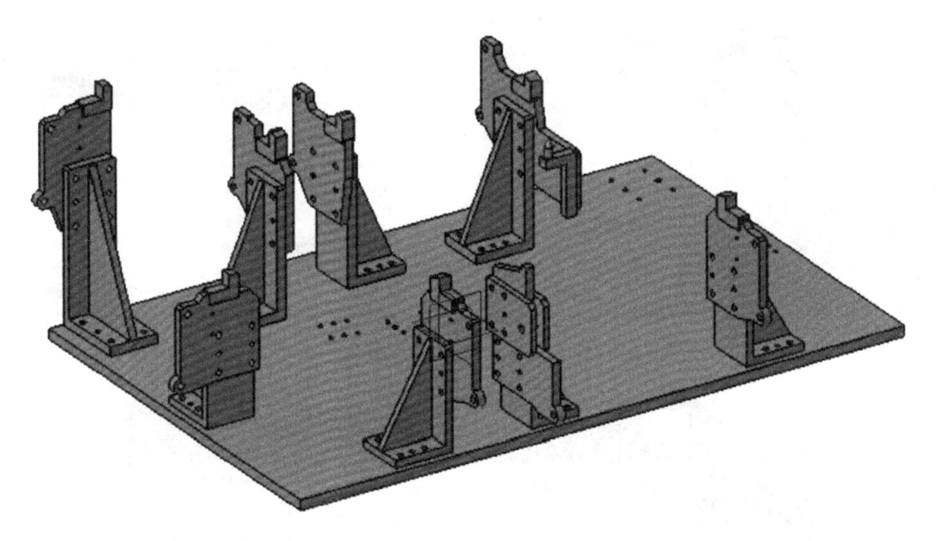

图6-60 所有固定机构

(2)分解运动机构。

1)基于运动分析,夹紧装置可以划分为3个机构,因此在模型树上新建3个零件,分别为Clamp-1、Clamp-2、Clamp-3。

2)分别将气缸、活塞和压块复制粘贴到相应的零件中,如图6-61所示。

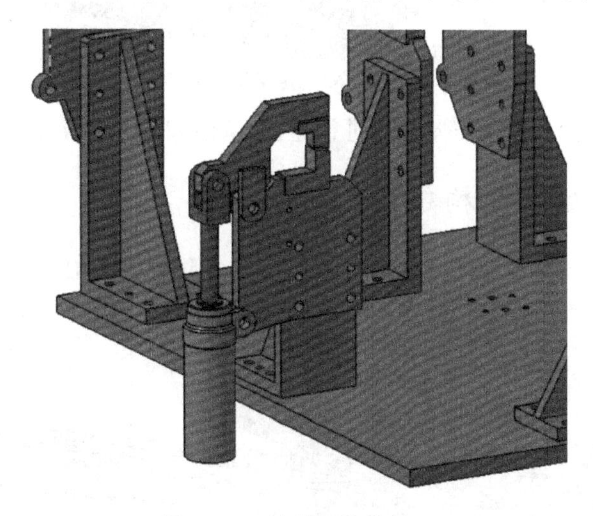

图6-61 夹紧机构分割

6.4.2.2 运动建模

不同于6.3节中的机器人分解过程,工装夹紧机构在分解过程中保留了零件中轴线、面等几何特征,因此可以使用上述几何特征对其进行运动机构建模,方法同6.2.2节。

(1)进入【Device Building】模块,新建【New Mechanism】,并在工具栏的【Device Building】→【Fixed Part】中建立固定接合,通过【Revolute Joint】建立3个旋转接合,如图6-62所示,通过【Cylinderical Joint】建立活塞与活塞杆间的圆柱接合,并定义"驱动长度",如图6-63所示。

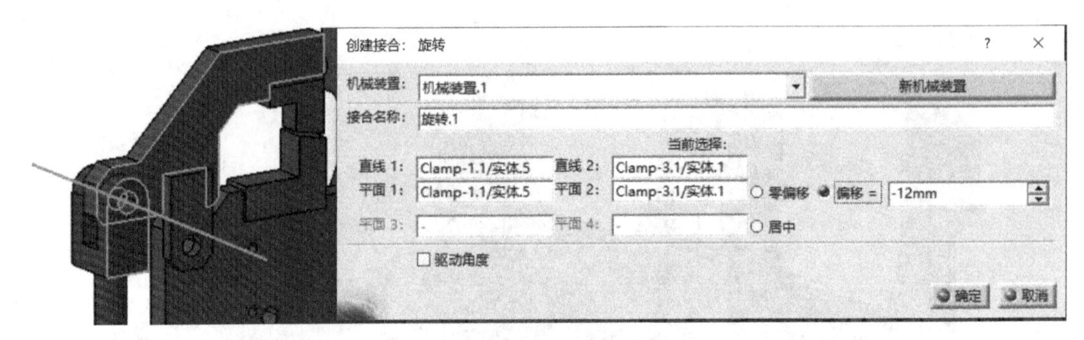

图 6-62　定义旋转接合

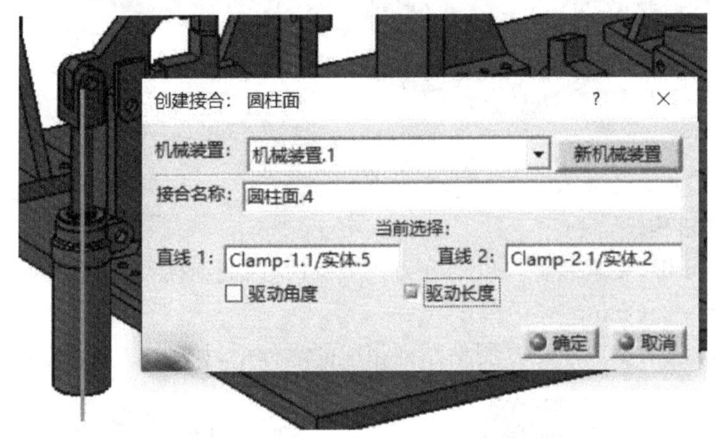

图 6-63　定义圆柱接合

(2) 基于上述步骤对其他压紧机构进行建模，从而完成工装夹紧机构建模。

6.4.3 抓取运动机构建模

抓取机构用于对待加工零部件进行抓取及移动操作，选择如图 6-64 所示的抓取运动机构，其抓取操作是由 3 个夹爪和 3 个定位器共同组成的，从而实现汽车发动机前盖的抓取。

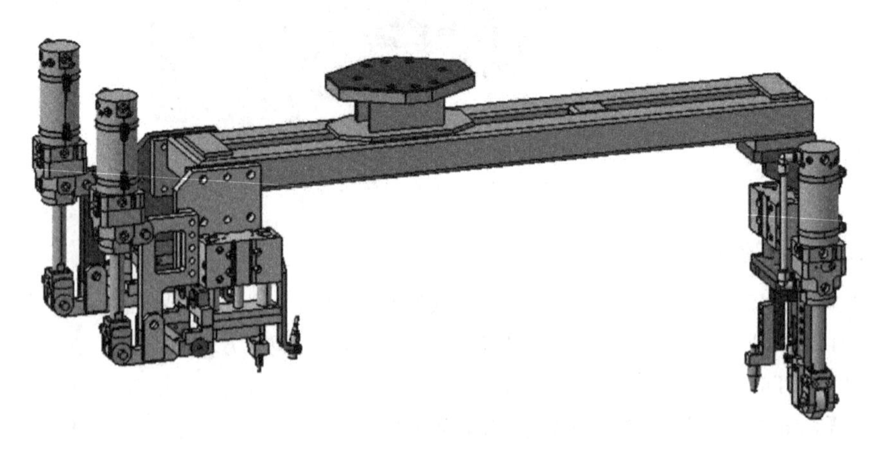

图 6-64　抓取运动机构模型

6.4.3.1　模型分解

参照6.4.2.1节对模型进行分解，分别为1个固定构件、3个夹爪运动机构(包含气缸、活塞、夹爪3个机构)在模型树上建立相应机构的Product模型，并将属于其的几何特征直接剪切/粘贴至模型树下。

6.4.3.2　运动建模

参照6.4.2.2节对模型进行运动建模，对每个夹爪运动机构定义3个旋转接合(气缸-机架，活塞-夹爪，夹爪-机架)，以及1个圆柱接合(气缸-活塞)，并定义其为“驱动长度”，从而实现抓取运动机构建模。

第7章　工业机器人装配仿真

7.1　【Device Task Definition】子模块工具栏简介

【Device Task Definition】子模块用于实现设备任务定义，通过菜单栏中【开始】→【资源详细信息】→【Device Task Definition】，进入该子模块，如图7-1所示。

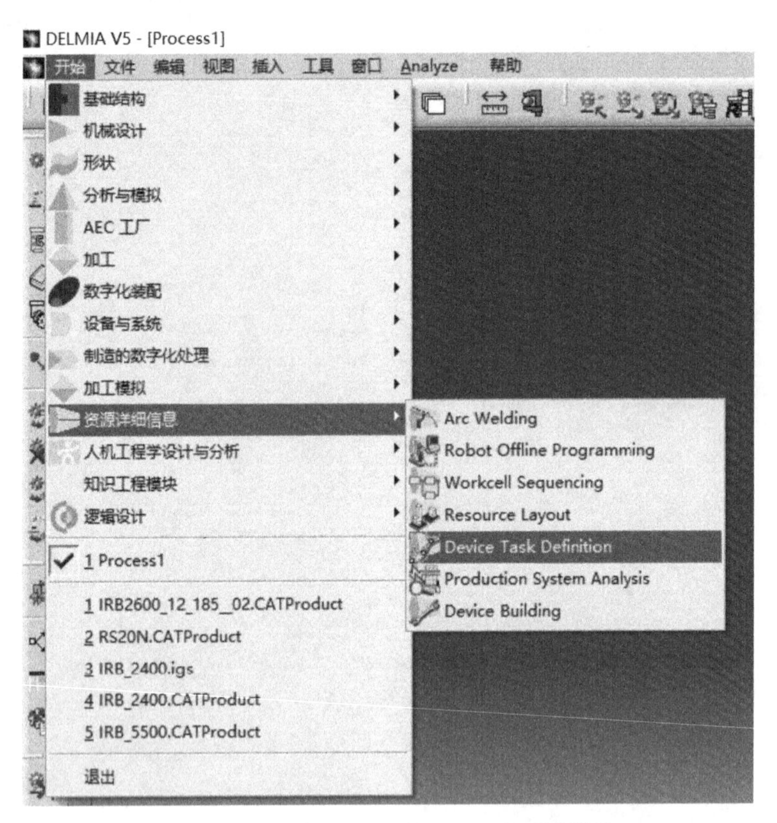

图7-1　进入【Device Task Definition】子模块

7.1.1　【Activity Management】工具栏简介

【Activity Management】工具栏(见图7-2)用于功能管理，各部分功能如下所示：

图 7－2 【Activity Management】工具栏

【Insert Product】:插入产品。

【Insert Resource】:插入资源。

【Product List/Resource List Reorder】:产品/资源重新排序。

【Catalog Browser】:目录浏览器。

【Import Delmia D5 Component】:导入 Delmia D5 组件。

【Link the Select Activities】:链接活动。

【Assign a Product/Resource】:把一种产品分配到一种活动。

【Deassign a Product/Resource】:把产品从一种活动中解除。

【Assign an Item】:把一种项目分配到一种活动。

【Assign a Resource】:把一种资源分配到一种活动。

7.1.2 【Simulation】工具栏简介

【Simulation】工具栏(见图 7－3)用于仿真任务管理,各部分功能如下所示:

图 7－3 【Simulation】工具栏

【Save Initial State】:储存初始状态。

【Restore Initial State】:恢复初始状态。

【Restore Design Position】:将产品或资源恢复到设计姿态。

【Design Model Updates On/Off】:设计模型更新开关。

【Resource Simulation】:资源仿真。

【Update Process Cycle Time】:更新工艺流程的时间循环。

【Resource Verification】:资源验证。

【Compile Process Video】:搜集工艺流程视频。

【Robot Task Simulation】:机器人任务仿真。

7.1.3 【Simulation Analysis Tools】工具栏简介

【Simulation Analysis Tools】工具栏(见图 7-4)用于仿真任务分析,各部分功能如下所示:

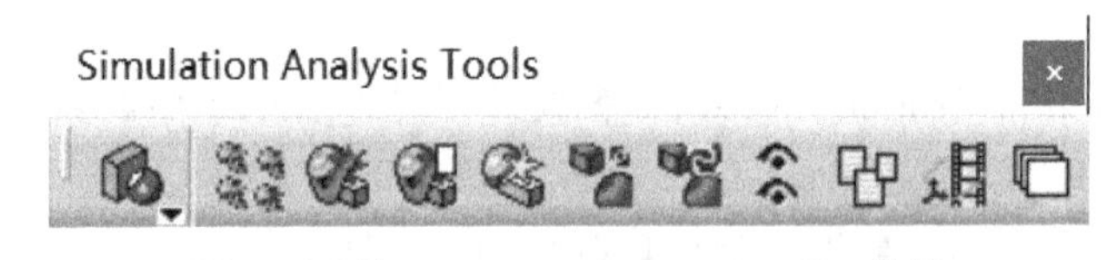

图 7-4 【Simulation Analysis Tools】工具栏

【Crash】:打开/关闭碰撞检测。

【Analysis Configuration】:分析参数设置。

【Analysis Mode On/Off】:打开/关闭分析模式。

【Analysis Display On/Off】:打开/关闭分析显示。

【Crash】:碰撞分析。

【Distance and Band Analysis】:距离和安全范围分析。

【Interactive Analysis】:交互式分析。

【Visualization Settings】:可视化设置。

【Data Readout】:读取数据。

【Create a 3D Trace During Simulation】:生成三维轨迹。

【Message Window Manager】:信息框管理。

7.1.4 【Sequence】工具栏简介

【Sequence】工具栏(见图 7-5)用于机器人任务定义,各部分功能如下所示:

图 7-5 【Sequence】工具栏

【New Task】:新建任务。

【Update All Tasks】:更新所有任务。

【Add Tag】:添加 Tag 点。

【Splits a Robot Task】:拆分机器人任务。

【Mirror Robot Task or Tag Group】:通过镜像生成新的机器人任务。

【Dresses Operations】:格式刷。

【Creates a Call Task Activity】:生成该任务机器人动作。

【Create Follow Path Activity】:生成后续路径机器人动作。

【Set Turn Numbers】:设置 Turn Numbers。

7.1.5 【Tag】工具栏简介

【Tag】工具栏(见图 7-6)用于点组管理,各部分功能如下所示:

图 7-6 【Tag】工具栏

【New Tag Group】:创建新的 Tag 组。

【New Tag】:创建新的 Tag 点。

【New Tag at TCP】:在机器人 TCP 建立 Tag 点。

【Tag Transformation】:Tag 点转换。

【Project Tags】:Tag 点投影。

【Interpolate Tag Orientation】:Tag 点插值。

【Modify Tags Orientation】:修改 Tag 点方向。

7.1.6 【Robot Management】工具栏简介

【Robot Management】工具栏(见图 7-7)用于机器人姿态管理,各部分功能如下所示:

图 7-7 【Robot Management】工具栏

【Jog a Device】:设备点动。

【MT Jog a Device】:手工设备点动。

【Teach a Device】:示教设备。

【Reach】:可达性分析。

【Compute Rail/Gantry Values】:外部轴计算。

【Set Tool】:为机器人添加工具。

【Auto Place】:机器人自动布局。

【TCP Trace】:TCP 轨迹打开/关闭。

【Create Workspace Envelope】:生成工作空间包络面。

【Create Swept Volume】:生成扫掠体。

7.1.7 【OLP】工具栏简介

【OLP】工具栏(见图 7 - 8)用于机器人程序管理,各部分功能如下所示:

图 7 - 8 【OLP】工具栏

【Create Robot Program】:生成机器人程序。

【Import Robot Program】:导入机器人程序。

【Calibrate Tool Point】:标定工具点。

【Calibrate Workpiece】:标定工件。

7.1.8 【Layout Tools】工具栏简介

【Layout Tools】工具栏(见图 7 - 9)用于装配管理,各部分功能如下所示:

图 7 - 9 【Layout Tools】工具栏

侧对齐,包括【侧对齐】【居中对齐】【旋转以对齐】【分布】【对齐两个平面】【快速平移】。

【Snap】:在两个对象的两个面间增加贴合。

【附加】:在两者间建立父子级关系,使子级产品随父级运动。

7.2 机器人焊接系统简介及装配环境布局

7.2.1 机器人焊接系统组成

汽车白车身是汽车其他零部件的载体,它是一个复杂的体系,其零部件数量众多、结构复杂,通过多达 4 000～5 000 个焊接点将上述零部件焊接在一起,如图 7-10 所示。其焊接质量对整车质量起着决定性作用,使用基于机器人的焊接系统能够降低劳动强度和制造成本、提高制造质量。

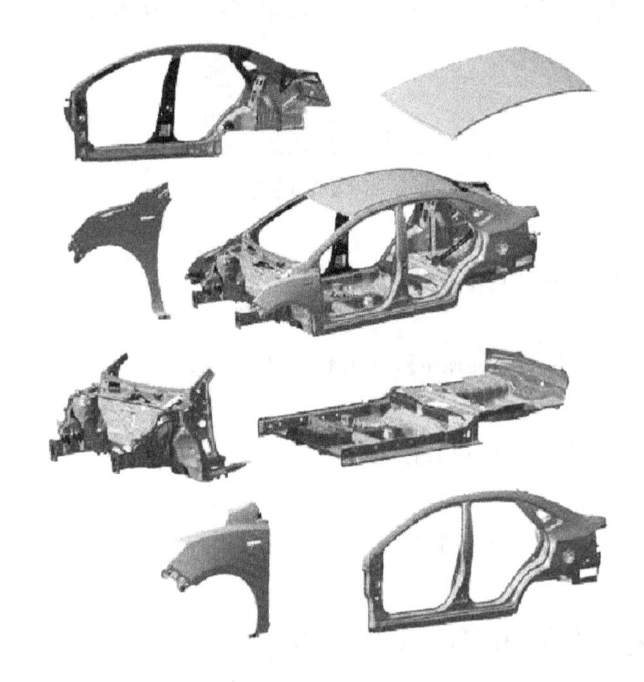

图 7-10 汽车白车身焊接

根据白车身的结构特点及生产线的节拍因素,机器人焊接系统经过模块化设计,主要可以分为以下几种形式[10]。

7.2.1.1 对称零件机器人焊接系统

白车身大多数零件都是左右对称结构,例如左右纵梁、前后门等,对于这类对称结构的焊接件,设计对称零件机器人焊接系统,如图 7-11 所示。机器人焊接左右对称的零件,焊枪等通用性更强,焊接轨迹对称导入即可,在节省设计成本的同时,生产也更好管理。

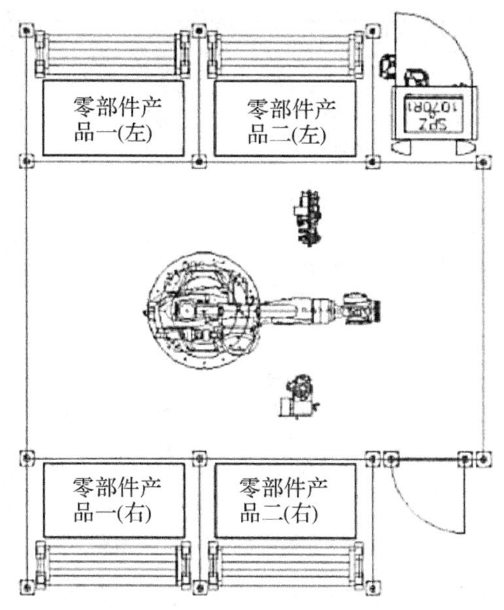

图 7-11　对称式机器人焊接系统

7.2.1.2　非对称零件机器人焊接系统

白车身中前围、包裹架、中通道等零部件为单一零件，对于这类非对称结构的焊接件，设计非对称零件机器人焊接系统，如图 7-12 所示。单侧上下序进行焊接，可方便零件在工序间的传导及物流管理。

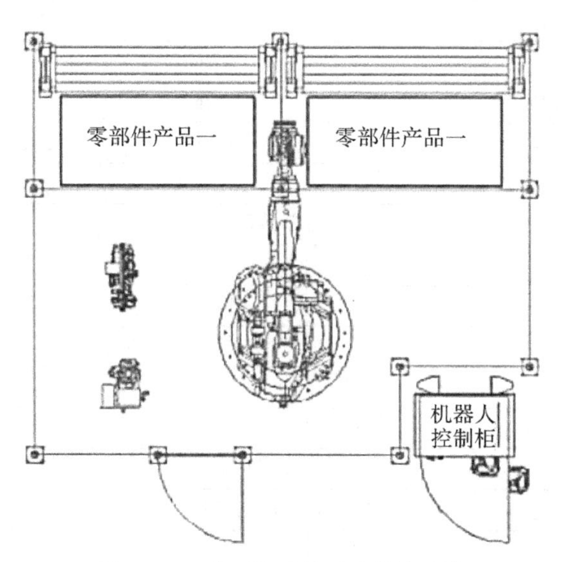

图 7-12　非对称式机器人焊接系统

7.2.1.3　随行机器人焊接系统

白车身中三角窗、门槛以及层级更深的零部件，由于焊接点少，机器人如果焊接单一种类零件，利用率低，因此设计随行机器人焊接系统，如图 7-13 所示。利用机器人七轴增加机器人工作范围的方式，使一台机器人对应多个料口、多个零部件的焊接，提高了机器人的利用率。

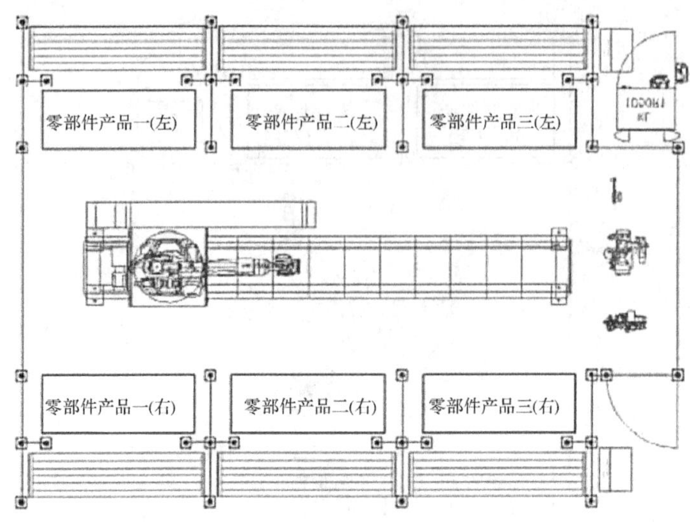

图 7-13　随行机器人焊接系统

下面以汽车侧围结构机器人焊接系统为例进行仿真，整个焊接系统包括机器人、焊枪、汽车侧围产品及其焊装夹具。

(1)机器人。选择 KR 150 R2700 型机器人，机器人模型及其产品手册可以通过 KUKA 官网下载，参照 6.3 节建立其运动学模型，机器人技术参数见表 7-1，结构如图 7-14 所示。

表 7-1　KR 150 R2700 型机器人技术参数

技术数据	
最大运动范围	2 701 mm
额定负荷	150 kg
最大负载能力	218 kg
重复定位精度	(ISO 9283) ± 0.05 mm
质量	约 1 072 kg
运动范围	
A1	±185 °
A2	−140 ° / −5 °
A3	−120 ° / 168 °
A4	±350 °
A5	±125 °
A6	±350 °
额定负载时的速度	
A1	120 °/s
A2	115 °/s
A3	120 °/s
A4	190 °/s
A5	180 °/s
A6	260 °/s

图 7-14　KR 150 R2700 型机器人结构

(2)焊枪。选择C型焊枪,参照6.4节建立其运动学模型,如图7-15所示,其结构参数见表7-2。

表 7-2　焊枪参数

质量	电极力	最大电流	大/小开行程/[mm/mm(°/°)]	
			大开	小开
100 kg	5 630 N	1.5 A	10/140 (0.8/1.77)	10/22 (0.8/11.26)

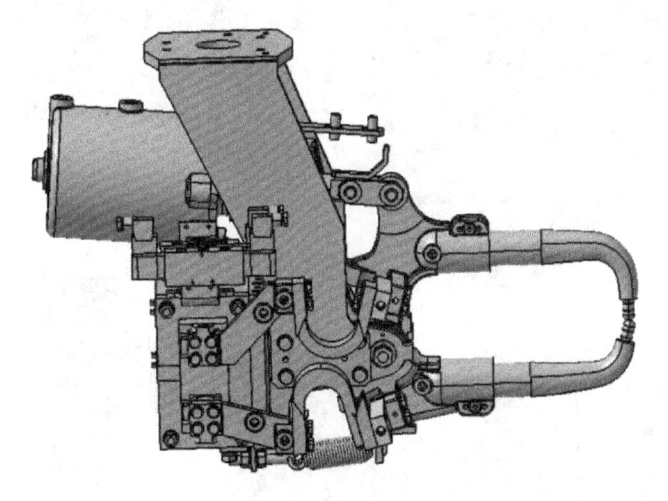

图 7-15　RTX_189 焊枪

(3)汽车侧围产品。汽车侧围属于大包围的一种,主要作用是减小汽车行驶时所产生的逆向气流,同时增加汽车的下压力,使汽车高速行驶时更加平稳。车身左右两侧(A、B、C柱)、外覆盖件、内板及加强件(A、C柱)所构成的左右两侧称为车身左右侧围总成(见图7-16)。

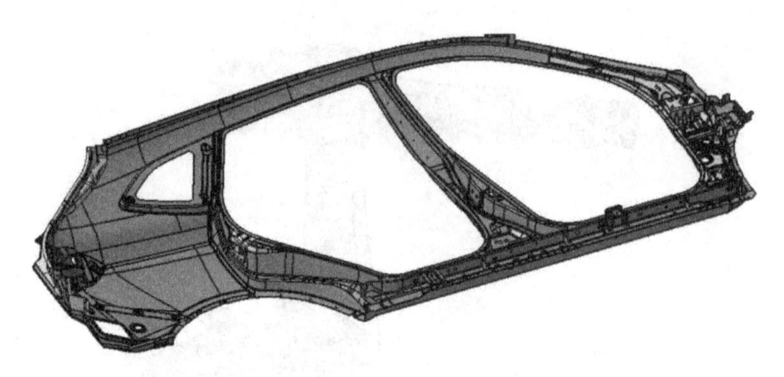

图 7-16　汽车侧围产品模型

(4)焊装夹具。焊装夹具的目的就是用于把各部分冲压件准确地定位并且保证在机器人焊接过程中焊接件不发生移动。焊装夹具通常包括定位机构、支撑机构、限位机构和基座。白车身冲压件结构较为复杂,零件尺寸较大,并且大多包含曲面结构,所以白车身焊装夹具专用性较强,其定位机构保证焊接工件有精确的位置,定位方式有销定位和面定位。销定位中圆销和菱销相互配合确保焊接工件的定位准确,面定位则是定位块根据焊接工件定位处的精加工表面进行定位。夹紧机构是保证焊接工件在焊接时不发生位置移动的关键,最主要的零件为夹紧块,它与定位块一样,需要根据焊接工件夹紧处的工件表面进行型面数控加工。焊装夹具形式如图 7-17 所示。

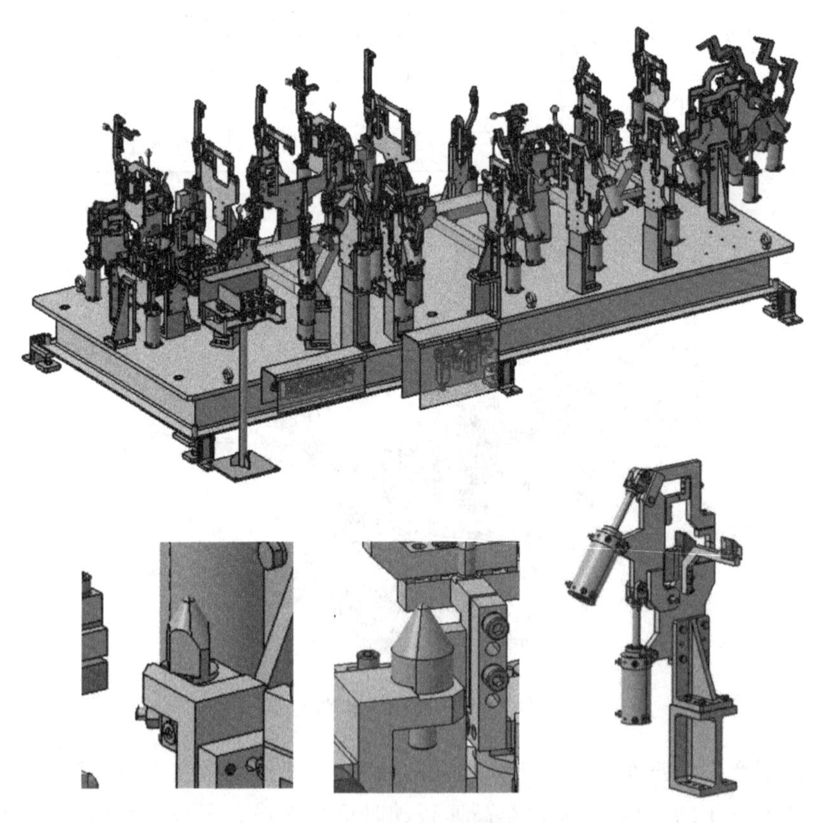

图 7-17　汽车侧围产品焊装夹具

7.2.2　机器人焊接系统建模

7.2.2.1　产品模型导入

将机器人焊接系统中的各个产品模型导入仿真软件中，并通过指南针捕捉对象对其进行平移、旋转操作，达到初步确定上述资源的空间位置关系的目的。

(1) 通过菜单栏【开始】命令，进入【Device Task Definition】模块。

(2) 在工具栏中的【Activity Management】，单击【Insert Product】命令，在弹框中选择已经进行机构运动建模的机器人、焊枪、工装、汽车侧围产品以及地板，分别对应 KR 150 R2700、RTX_189、JIG、Product - car - panel、Floor 文件。将上述产品插入工作区，如图 7 - 18 所示。

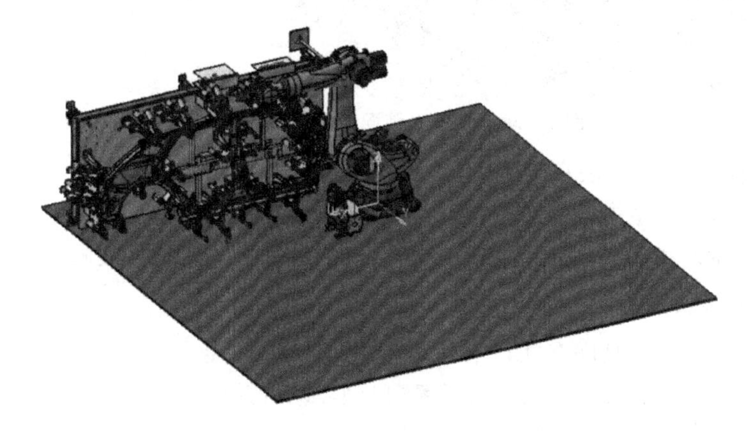

图 7 - 18　导入机器人焊接系统产品

(3) 通过指南针移动产品位置，右键单击工作区右上角指南针，激活"自动捕捉选定的对象"，然后左键双击指南针，出现"用于指南针操作的参数"对话框，如图 7 - 19 所示，此时，选择模型树上任意产品(不要在工作区点选模型，此时选择的是产品某个零件，通过指南针移动的也是该零件)，指南针将移到工作区并且呈激活状态，通过"用于指南针操作的参数"命令可以实现该产品的平移/旋转操作。对各个产品进行平移/旋转操作，初步确定其相对位置如图 7 - 20所示。

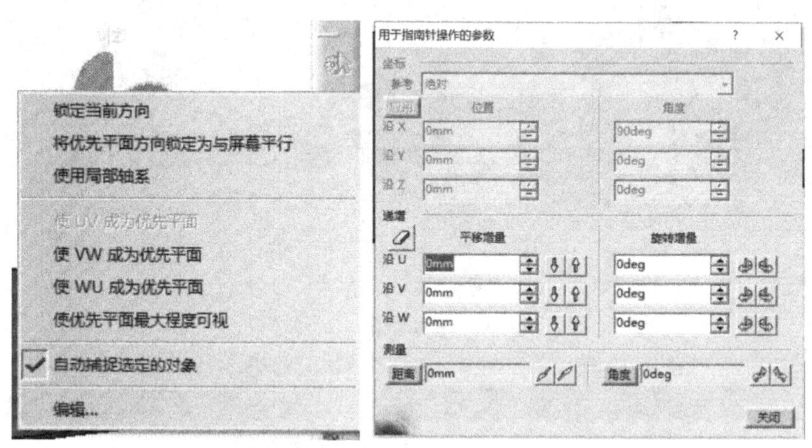

图 7 - 19　"自动捕捉选定的对象"和"用于指南针操作的参数"

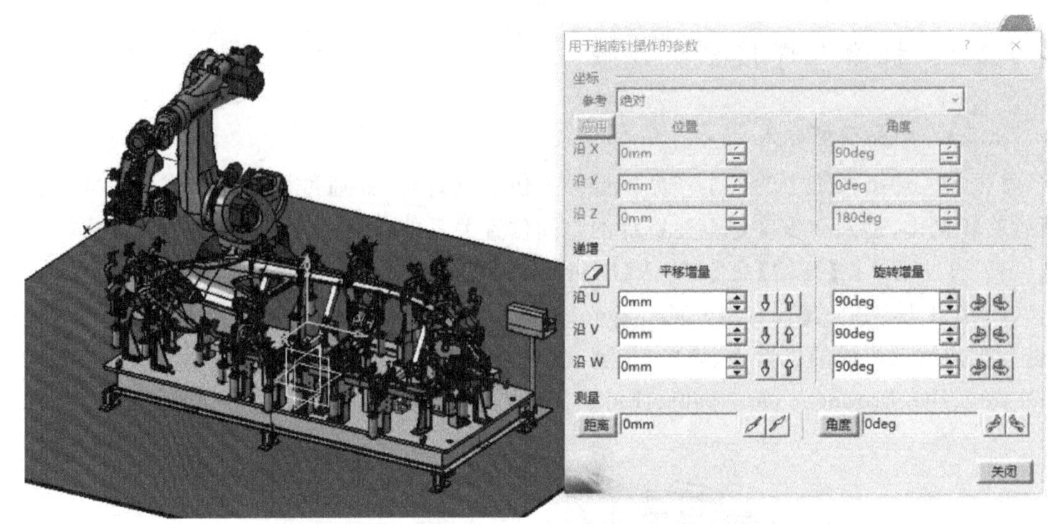

图 7－20　机器人装配系统各产品初步位置

(4) 将工装、机器人安装在地面上，在工具栏的【Layout Tools】中点击【侧对齐】，首先选择一个参考平面，本模型中即地面，其他所有结构与之对齐，然后，依次在模型树上点击工装和机器人，此时机器人和工装自动布置在地面上，完成设置后，重新单击【侧对齐】。

7.2.2.2　模型父子级关系建立

装配过程中，部分产品间存在约束关系，如汽车侧门固定在工装上、焊枪固定在机器人第六轴上，因此需要在两者间建立父子级关系，以确保两者共同运动。

(1) 通过【Snap】定位工装与产品。产品、工装的定位采用销-孔定位形式，依次在工装定位销和产品定位孔上建立参考坐标系，使两个参考坐标系重合，则完成两者定位。首先，在工具栏的【Layout Tools】中点击【Snap】，其次，在模型树上选择参考产品，即工装，此时工装产品被激活(变为橘黄色)，如图 7－21 所示，并弹出类似图 6－32“定义平面”/“Frame Type”弹框类似的“定义参考平面”，然后，参考 6.3.2.2 节方法，在工装定位销上建立如图 7－22 所示的参考坐标系，并单击“确定”。

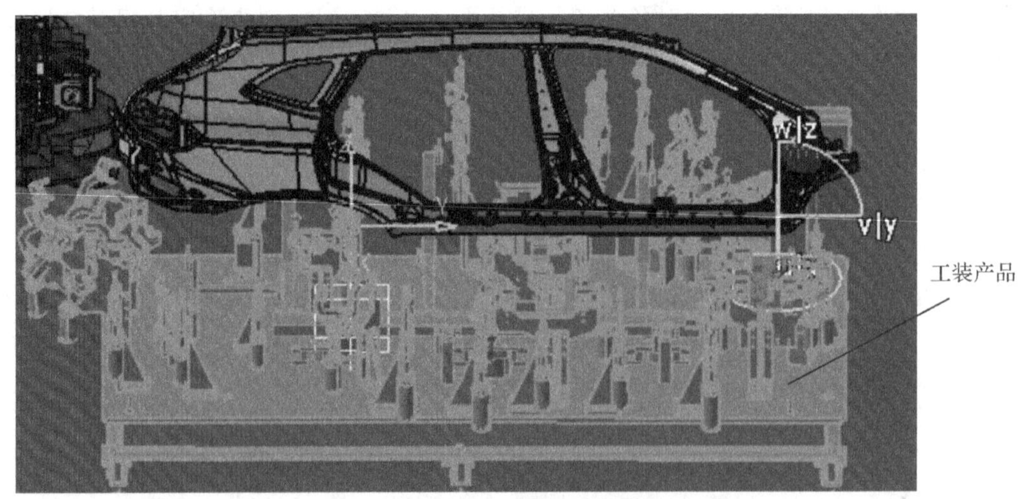

图 7－21　激活工装产品

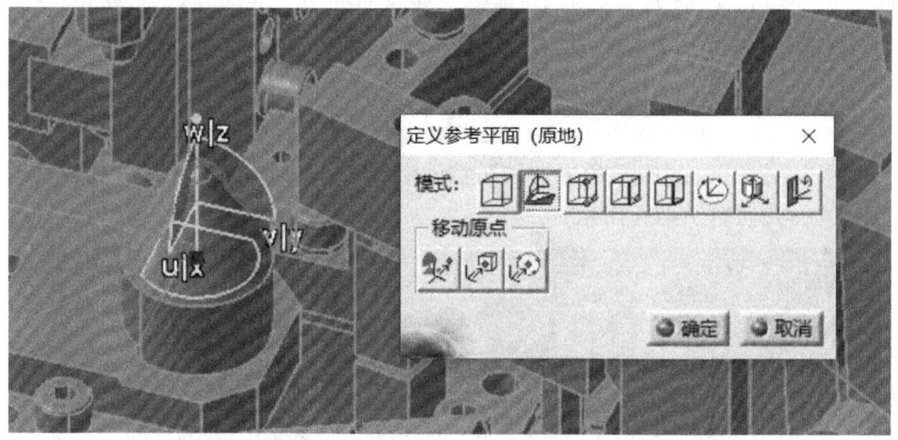

图7-22　在定位销位置建立参考坐标系

在模型树上选择被移动的产品，即汽车侧门，此时汽车侧门被激活（见图7-23），显示为橘黄色，然后根据上述方法在侧门定位孔位置建立参考坐标系（见图7-24），并单击“确定”。

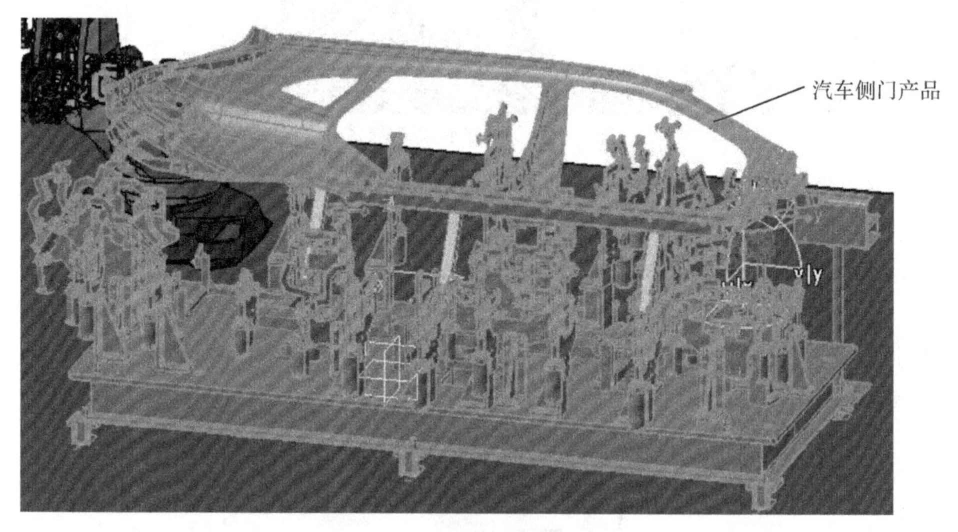

图7-23　激活汽车侧门产品

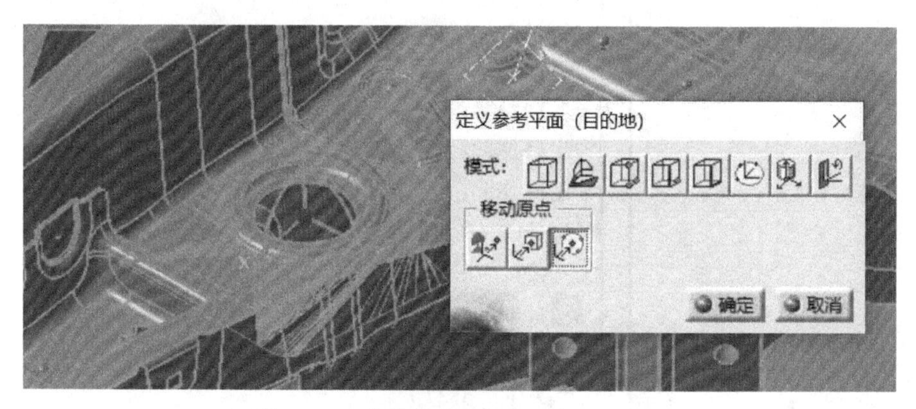

图7-24　在定位孔位置建立参考坐标系

出现【捕捉选项】，选择【对齐】，单击“确定”，此时两者的参考坐标重合，实现定位。

(2) 通过【附加】建立两者父子级关系。在工具栏的【Layout Tools】中点击【附加】，首先选择父级元素，即模型树上的工装，其次选择子级元素，即模型树上的侧门产品，并点击“确定”，完成工装-侧门父子级关系构建，工作区模型上出现“父级：JIG.1”和“子级：Product - car - panel.1”。通过 7.2.2.1 节(3)所示的方法，通过指南针移动工装，侧门产品将跟着移动，代表父子级关系建立正确，如图 7 - 25 所示。

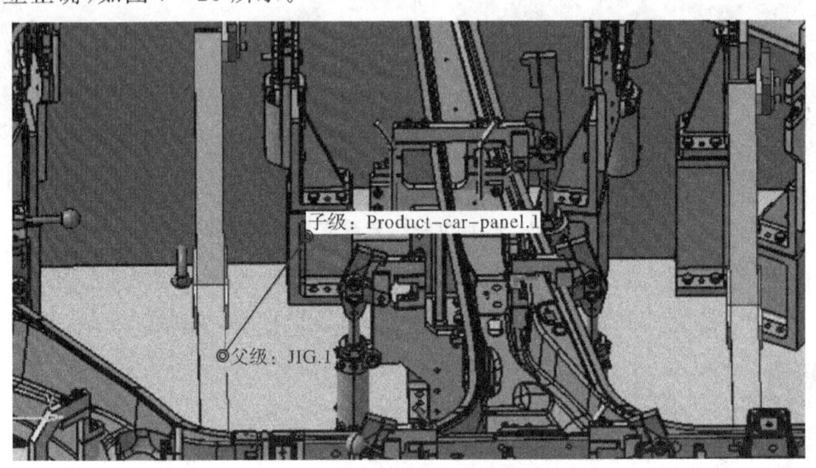

图 7 - 25　父子级关系标志

(3) 建立机器人-焊枪父子级关系。由于机器人和焊枪在建模过程中已建立基本坐标系、工具坐标系等，因此，两者在定义父子级关系时，只需确保机器人工具坐标系和焊枪基本坐标系重合。在工具栏的【Robot Management】中点击【Set Tool】，弹出“Set Tool”弹框，在“Robot”中选择机器人，软件自动识别“Snap Ref”和“Tool Profile”，在“Device”中选择焊枪，软件自动识别“Snap Ref”和“TCP”，点击“确定”，此时机器人和焊枪间出现父子级关系标志，机器人模型树的“Mounted Devices”下出现焊枪，如图 7 - 26 所示。

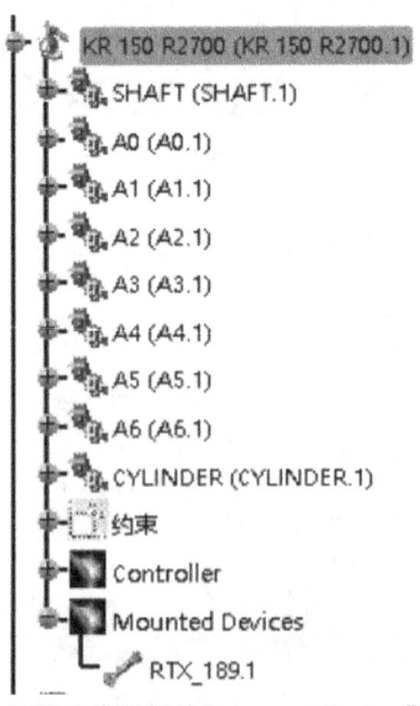

图 7 - 26　机器人模型树的“Mounted Devices”下出现焊枪

(4)【Jog】机器人。在工具栏的【Robot Management】中点击【Jog a Device】,并在模型上点击机器人,弹出如图 7－27 所示的“Jog”弹框,不同于 6.3.2.3 节的机器人点动,此时指南针移动到焊枪工具坐标系,拖动指南针后机器人和焊枪跟随运动,代表机器人-焊枪父子级关系定义完成。

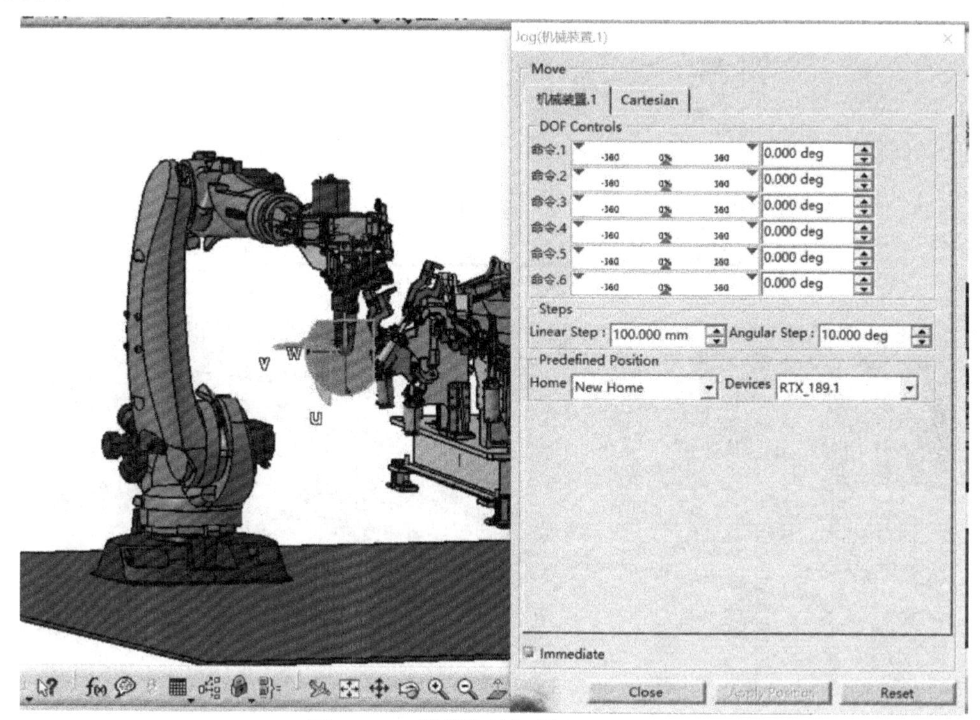

图 7－27　带焊枪的机器人“Jog”运动

7.2.2.3　Tag 点建立

在待加工的汽车侧门产品上定义 Tag 点,每一个 Tag 点代表一个焊接位置。

(1) 建立 Tag Group。在工具栏的【Tag】中点击【New Tag Group】,并在模型树上点击侧门产品,出现“Tag Group”弹窗,选择“Modify Reference”,使所建立的 Tag Group 及 Tag 点依托于侧门产品,产品模型树出现“TagGroup”,如图 7－28 所示。

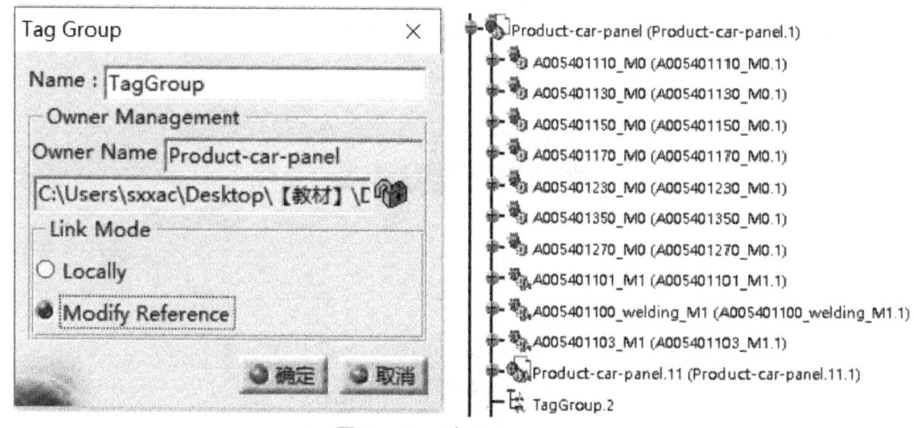

图 7－28　建立 Tag Group

(2) 建立 Tag 点。选择上一步建立的 Tag Group，在工具栏的【Tag】中点击【New Tag】，出现如图 7－29 所示的“定义平面”弹框，在如图 7－30 所示的侧门产品位置通过指南针定义 Tag 点，并通过旋转指南针坐标轴，确保 Tag 点 z 轴垂直于平面向上，x 轴向前。

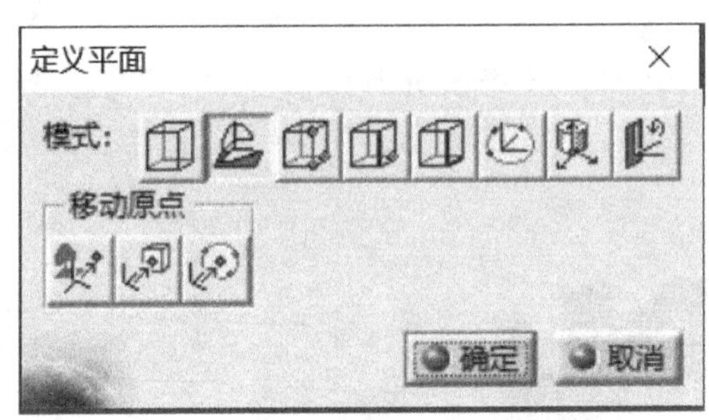

图 7－29 “定义平面”弹框

图 7－30 在侧门产品上定义 Tag 点

7.2.3 机器人可达性分析

机器人与工装/侧门产品的相对位置对机器人能否运动到所有 Tag 点位置至关重要，因此需要对机器人的可达性进行分析，以便进一步精准确定机器人布局位置，使其能够以稳定的姿态达到所有 Tag 点位置。

(1) 选择目标 TagGroup。在工具栏的【Robot Management】中点击【Auto Place】，并单击机器人，出现“Selected Groups”弹框，在模型树上选择上一节建立的“TagGroup”，使其出现在“Selected Groups”中，选择后单击“确定”，如图 7－31 所示。

图 7－31 通过“Selected Groups”弹框选择目标 TagGroup

（2）设置搜索区域。在完成上步操作后，出现“Grid Definition”弹框，用以设置机器人搜索区域和离散点数量，其中“Base”用于设置搜索区域的两个对角点，软件将在该区域内分析机器人是否能够达到所有 Tag 点，“Height”用于设置搜索区域的高度，将搜索区域从二维拓展到三维情况，“Points Definition”用于设置搜索区域长、宽、高方向被离散的点的数量，机器人将被移动到每个离散点上进行可达性分析。本例中采用二维搜索形式，在模型的 Tag 点前方框选适当区域，并以适当离散点数进行离散(15×15)，如图 7－32 所示。

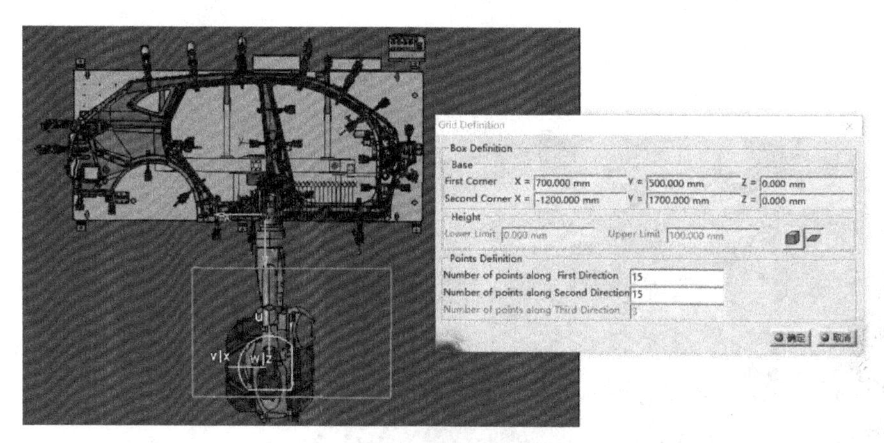

图 7－32　机器人可达性分析搜索区域设置

（3）机器人可达性分析。在完成上述操作后，出现“Auto Place”弹框，且所选择的搜索空间按照上步设置离散为多个点位，单击“Compute”，机器人将移动到每个离散点进行可达性分析，计算完成后每个离散点的可达性分析结果将以不同颜色显示，其中绿色代表机器人在此位置时能够满足 TagGroup 中所有点位，黑色代表机器人在此位置时不能满足 TagGroup 中任何点位，蓝色代表机器人在此位置时仅能满足 TagGroup 中部分点位，红色代表机器人在此位置时会发生碰撞，白色代表此位置还未分析完成。本例中的分析结果如图 7－33 所示，可以看到，除了左、右两侧一部分点位显示为黑色，搜索区域的大部分点位都能满足机器人可达性。

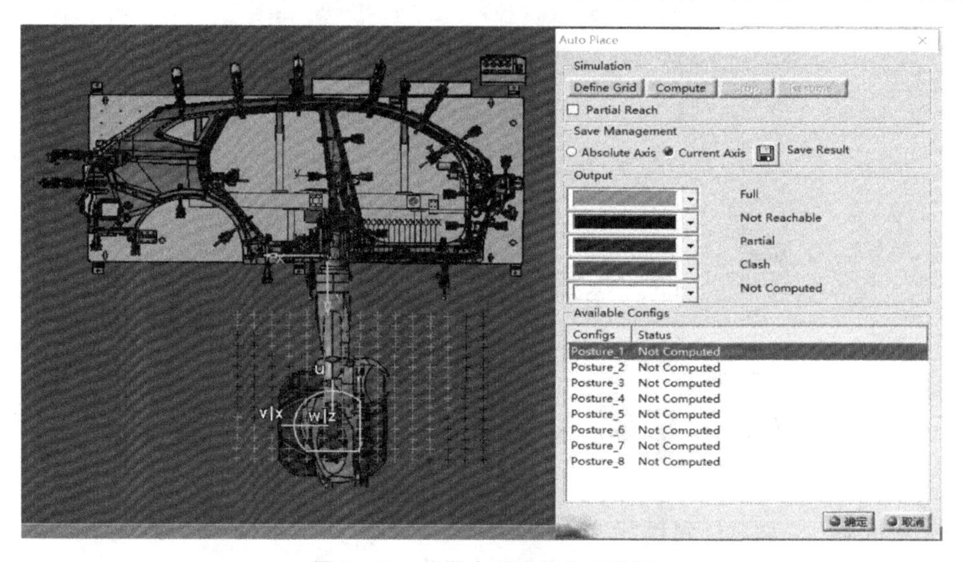

图 7－33　机器人可达性分析结果

(4) 确定机器人初始位置。通过指南针的“自动捕捉选定的对象”,将机器人位置移动到分析中的绿色点位,并通过【Jog】命令调整机器人位姿到如图 7 - 34 所示状态,在工具栏的【Simulation】中点击【Save Initial State】,出现如图 7 - 35 所示的“Save Initial Condition”弹框,选择“All Products and Resources”和“All Attributes”,即保存所有产品、资源及其属性,点击“确定”,完成模型初始位置储存。在后面仿真过程中,可以随时在工具栏的【Simulation】中点击【Restore Initial State】,恢复初始位置。

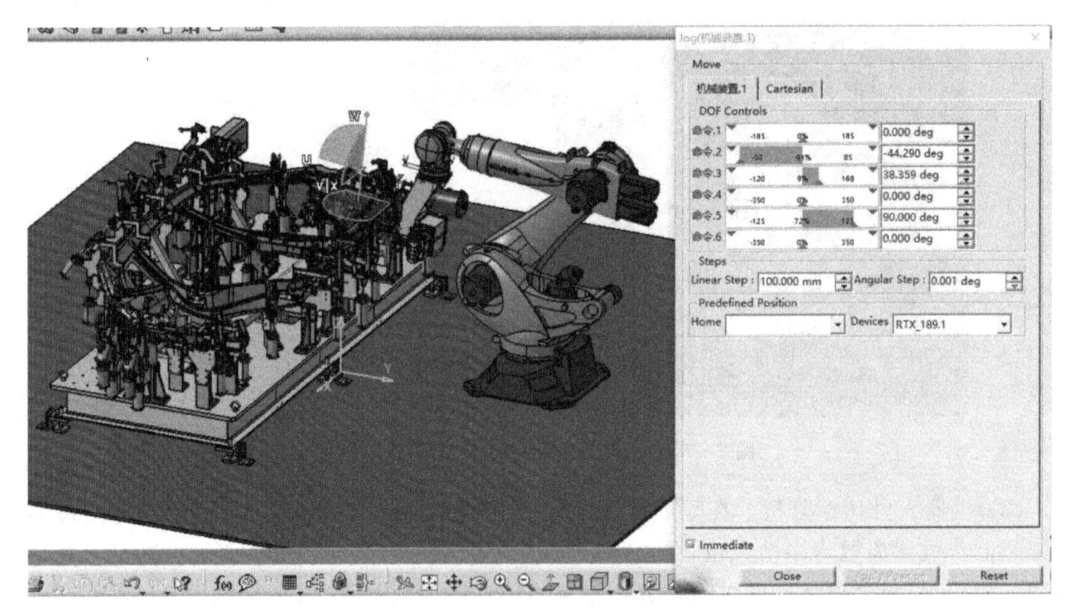

图 7 - 34 调整机器人姿态

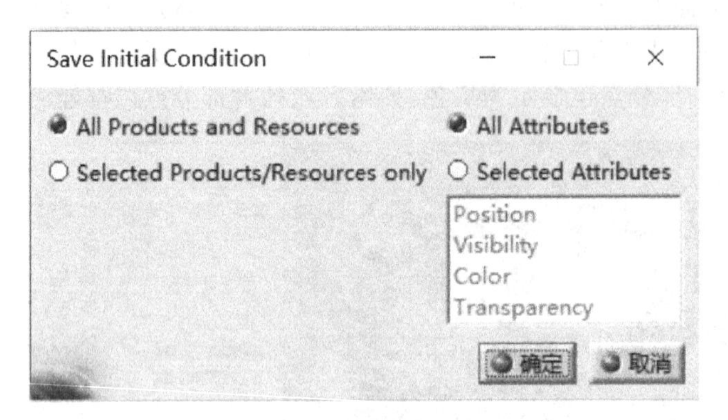

图 7 - 35 保存初始状态

7.3 机器人装配仿真及其优化

在完成机器人焊接系统建模和可达性分析后,就可以建立机器人任务,实现机器人焊接仿真。

7.3.1 建立机器人任务

7.3.1.1 建立机器人新任务

在工具栏的【Sequence】中选择【New Task】，并单击机器人，此时机器人模型树上的“Program”下出现“RobotTask”，如图7-36所示。可以将新任务命名，如命名为“Welding”。

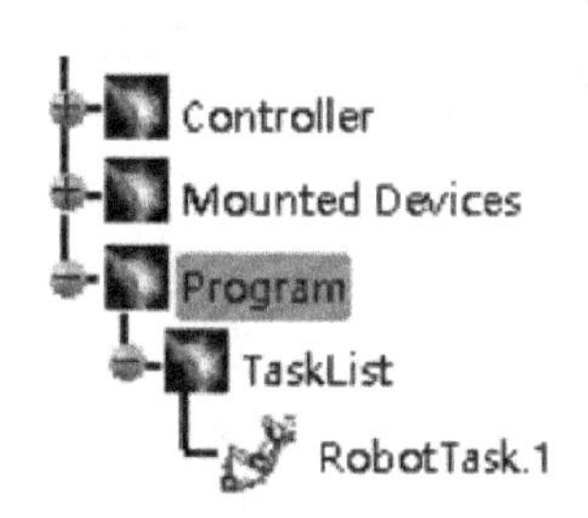

图7-36　在机器人上建立新任务

7.3.1.2 插入工艺点/过渡点

在新建机器人任务后，将机器人的运动点位插入任务中，实现机器人运动。插入的点位分为工艺点和过渡点两大类，两者的区别在于：

工艺点(Process)：机器人完成实际装配任务所必须移动到的点位，并在这些位置完成焊接、制孔、抓取等操作，如7.2.2.3节中建立的焊接Tag点。

过渡点(Via Point)：在机器人运动到工艺点的过程中，为保持机器人姿态连续性、不发生干涉碰撞而人为添加的点位，机器人在过渡点不进行具体操作。

(1) 生成“Teach”弹框。在工具栏的【Robot Management】中选择【Teach a device】，并单击机器人，出现“Teach”弹框，对应的机器人任务是上一步建立的任务，更改“Format”为“Table”，如图7-37所示。

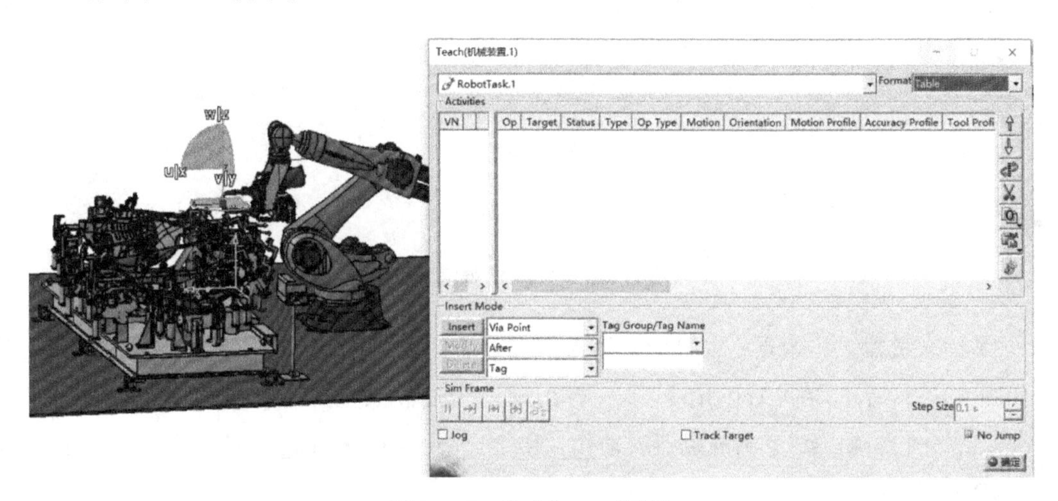

图7-37　生成“Teach”弹框

(2)“Teach”弹框设置。如图 7-38 所示的“Teach”弹框由以下几个部分组成,各部分设置功能如下:

1)标题栏:插入工艺点/过渡点所在的机器人任务,通过下拉菜单选择。

2)Activities:基于运动顺序显示所有工艺点、过渡点,并显示其属性(属性设置将在下文详细阐述),右侧图标用于对点位进行重新排序、剪切、复制等操作。

3)Insert Mode:插入/修改/删除点位,通过下拉菜单切换工艺点/过渡点,在前/后插入。

4)Sim Frame:机器人运动播放设置,包括“暂停”“继续播放”“播放选择动作”“播放全部动作”。“Step Size”用于设置机器人播放速度,值越小,播放速度越慢(注意与机器人运动速度区别)。

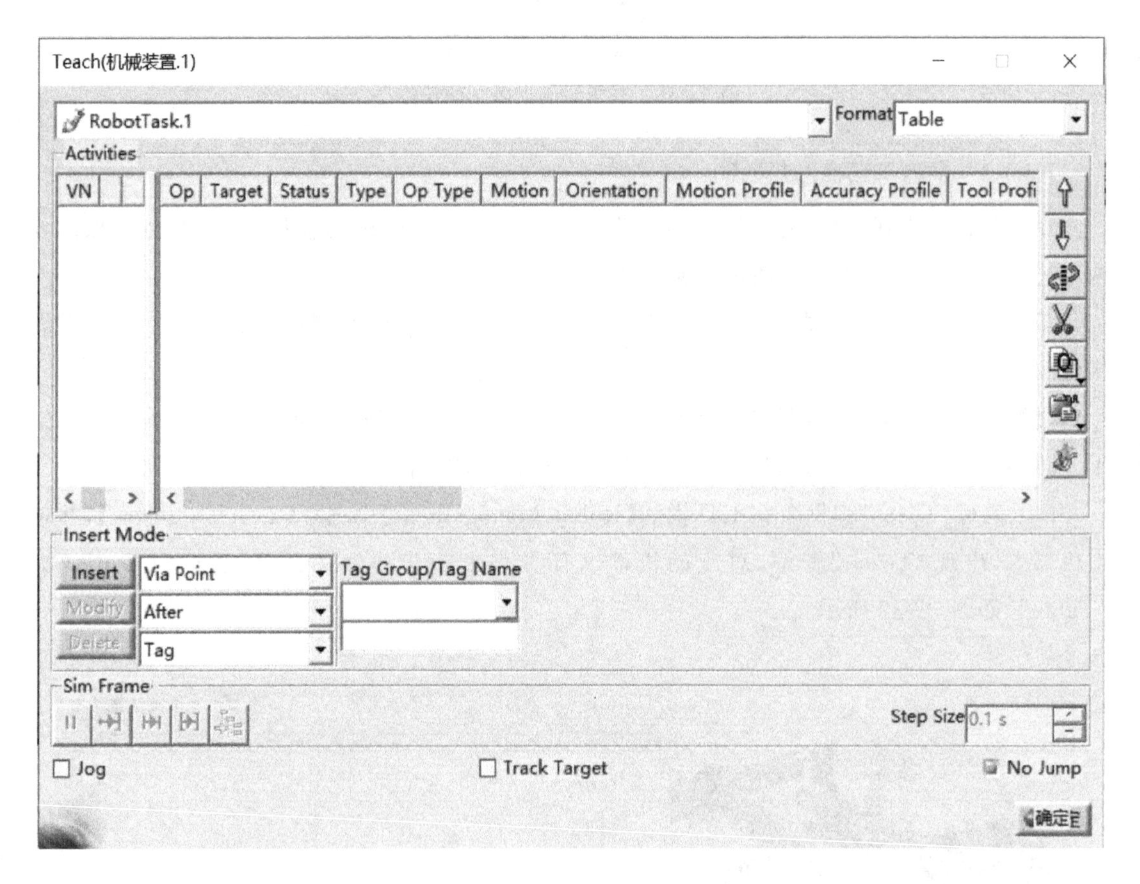

图 7-38 “Teach”弹框设置

(3)插入机器人初始点。以目前机器人所在位置为过渡点,点击“Insert”,插入一个过渡点,如图 7-39 所示,在“Activities”第一行出现一个过渡点,与此同时,模型树“机器人”→“Program”→“TaskList”下出现机器人动作,“ResourcesList”→“TagList”→“TagGroup”下出现“ViaPoint”。

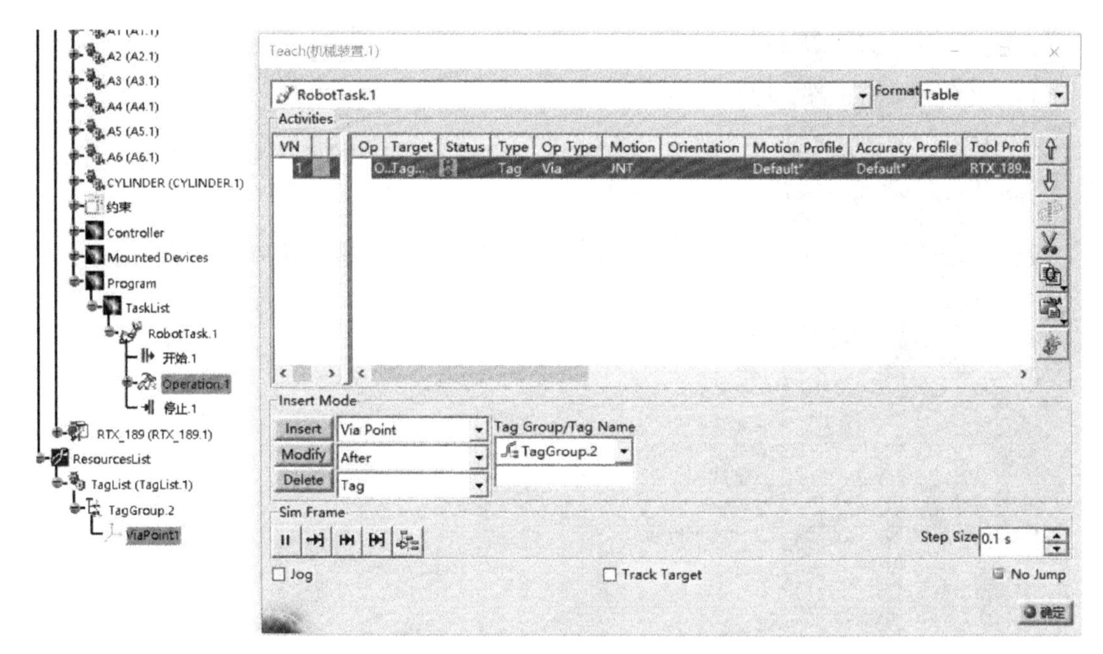

图 7-39　插入机器人初始点

(4) 插入后续过渡点。通过指南针拖动机器人和焊枪,在初始点和第一个焊接点之间插入 2～3 个过渡点,如图 7-40 所示,以实现机器人逐步运动到焊接点。

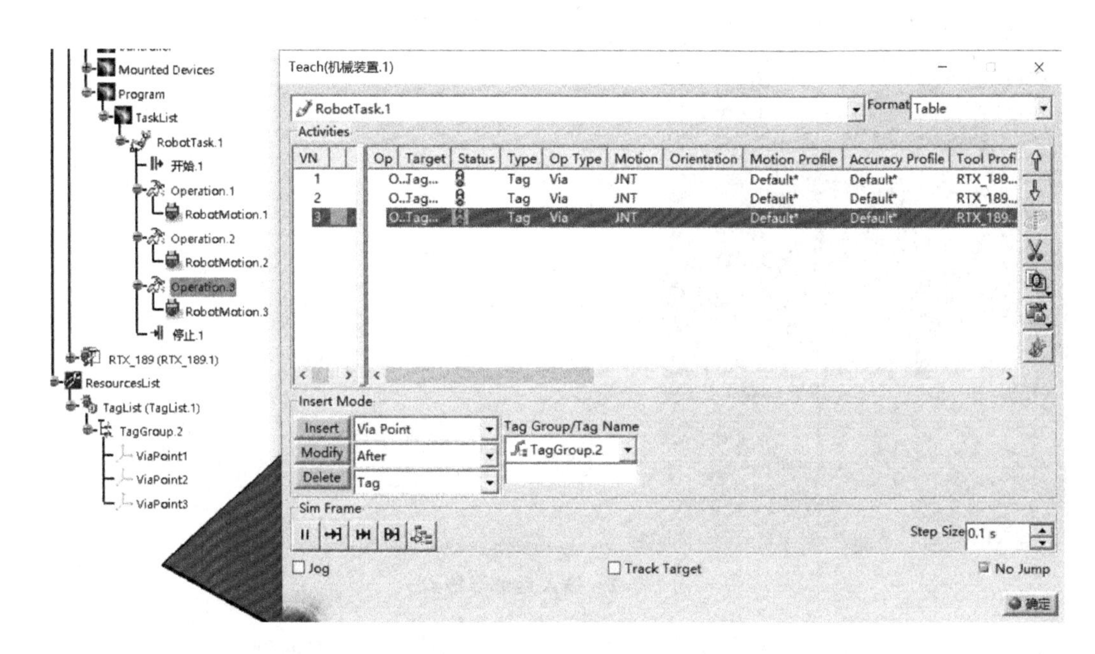

图 7-40　插入后续的过渡点

(5) 插入第一个焊接点。在"Insert Mode"中将点类型切换为"Process",在模型上点击第一个焊接点,机器人带动焊枪,使焊枪的工具坐标系和第一个焊接点的 Tag 坐标重合,完成第一个焊接点焊接,如图 7-41 所示。

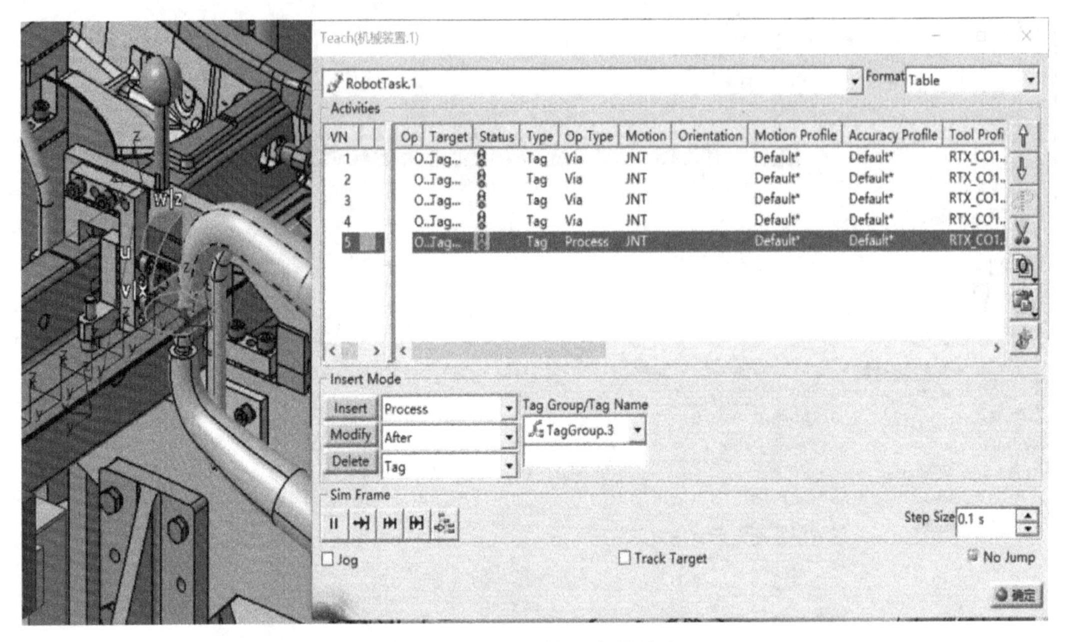

图 7 - 41　插入第一个焊接点

(6) 插入其他焊接点。在模型上依次选择剩下的焊接点，插入相应工艺点，实现所有焊接点建模，如图 7 - 42 所示。

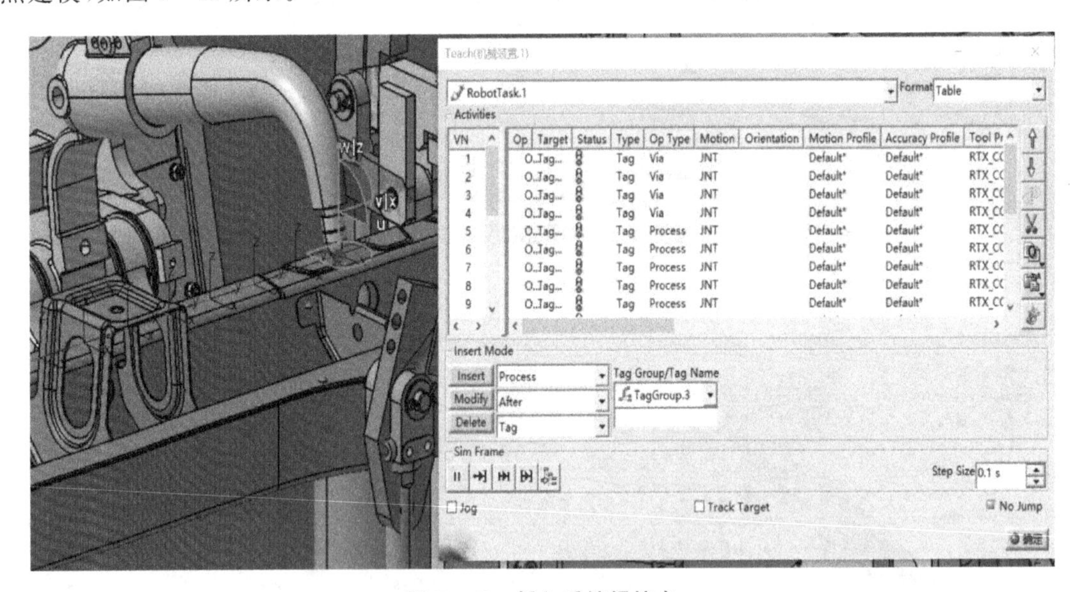

图 7 - 42　插入后续焊接点

(7) 插入后续过渡点。完成最后一个焊接点焊接后，机器人需要回到初始位置，在最后一个焊接点和机器人初始位置间插入若干过渡点。

(8) 机器人恢复初始位置。通过“Teach”弹框中的“复制”“粘贴”功能，将机器人恢复到初始位置，此时所有机器人动作将显示在机器人模型树的“Program”下，所有的过渡点将显示在模型树的“ResourcesList”下，如图 7 - 43 所示。

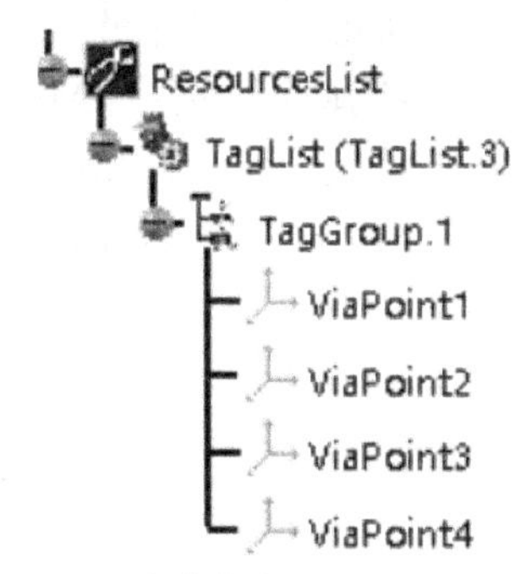

图 7 - 43　过渡点在“ResourcesList”显示

7.3.2　机器人姿态优化

7.3.2.1　机器人姿态调整

在完成机器人任务建模后，通过“Teach”命令播放全部点位，此时机器人运动呈现不规则形式，与实际运动不符，需要对机器人姿态进一步优化。

造成上述问题的根本原因在于：基于 2.4.5 节分析，对于同一位姿，机器人逆向运动学解不唯一，即机器人可以以多种不同的姿态到空间同一位置。当机器人任务中相邻两个工艺点或过渡点间，机器人位姿差别过大，机器人在两点间运动过程中需要大范围调姿，导致机器人位姿不可控。因此，机器人姿态调整的核心在于对每个点位机器人的逆向运动学解进行优化，寻找差距最小的位姿状态，从而保证机器人运动连续。

在工具栏的【Sequence】中点击【Set TurnNumbers】，选择相应的机器人任务，并点击“set”，此时机器人对每个点位进行姿态优化，如图 7 - 44 所示。

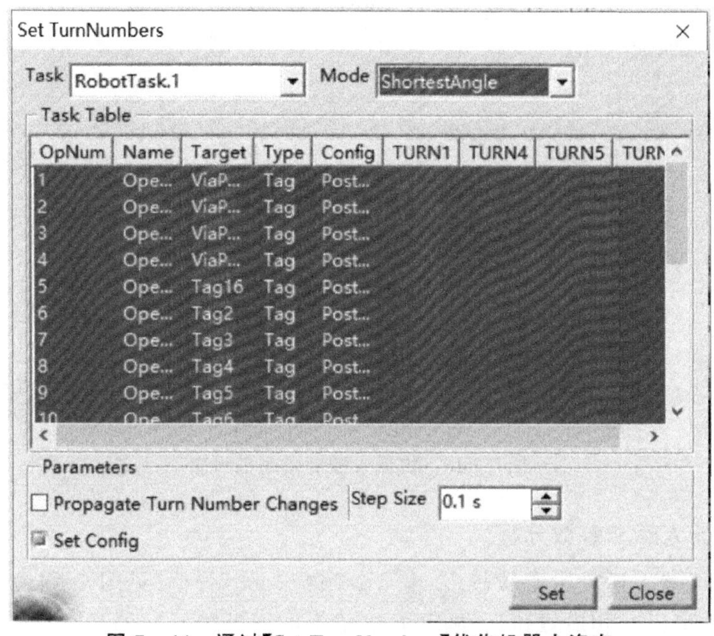

图 7 - 44　通过【Set TurnNumbers】优化机器人姿态

如果在姿态优化时出现如图 7－45 所示的错误提示，需要在机器人模型树“Control”上单击右键，并选择“属性”，在出现的“属性”弹框中选择“Motion Controller Properties”，并在“Joint Interpolation Mode”的下拉菜单中选择“Turn Numbers”，如图 7－46 所示。

图 7－45　“This Robot is not Turn Enabled”错误提示

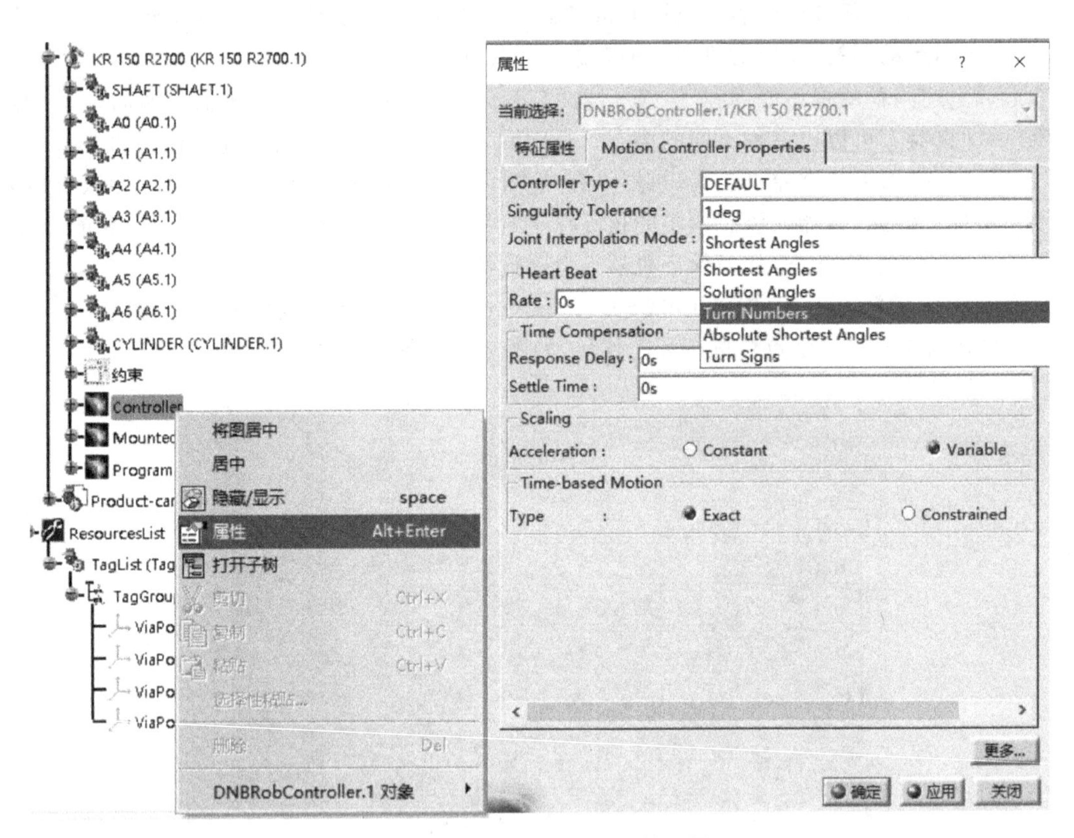

图 7－46　机器人控制器属性设置

7.3.2.2　机器人运动参数分析

示教过程中机器人运动学参数较多，本节参照“Teach”弹框（见图 7－47）对机器人运动学参数进行分析，并可以在相应点位所在行，右键单击进行设置。

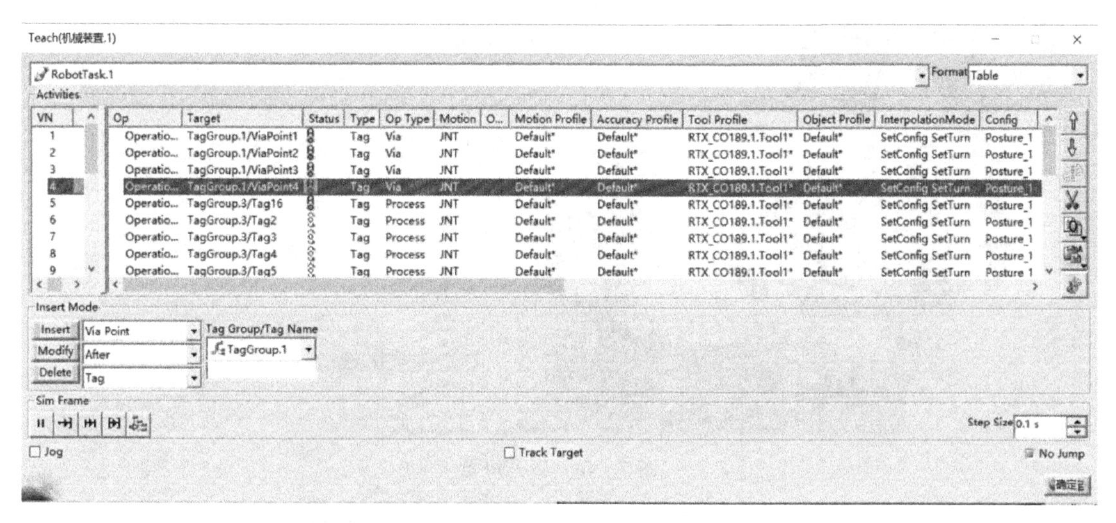

图7-47　"Teach"弹框设置

(1)OP:该点位对应的机器人动作,参照机器人模型树"Program"。

(2)Target:点位所在集合即点位名称,如TagGroup.1/ViaPoint1,表示该点位属于TagGroup.1集合,点位名称为ViaPoint1。

(3)Status:该点位目前状态。

(4)Type:该点位类型。

(5)Op Type:该点位对应的机器人动作类型,如过渡点/工艺点。

(6)Motion:机器人动作类型,分为关节型、直线型、圆弧型等。

(7)Motion Profile:机器人运动属性,参照机器人模型树"Control"。

(8)Accuracy Profile:机器人精度等属性,参照机器人模型树"Control"。

(9)Tool Profile:机器人工具属性,参照机器人模型树"Control"。

(10)Object Profile:机器人目标属性,参照机器人模型树"Control"。

(11)InterpolationMode:机器人运动插值模式。

(12)Config:机器人姿态,对应于机器人"Jog"弹框中内容。

在完成所有点位设置后,可以通过播放命令进行机器人焊接点位运动仿真。

7.3.2.3　添加焊枪运动

焊接过程中,机器人运动到相应位置后,需要焊枪张开/闭合,从而完成焊接。因此,在焊接系统仿真建模过程中需要添加焊接动作。

(1)在机器人初始位置张开焊枪。在工具栏的【Robot Management】中点击【Jog a Device】,并点击焊枪模型,在如图7-48所示的"Jog"弹框中选择"Open"(close/open/semi_open已提前设置)。

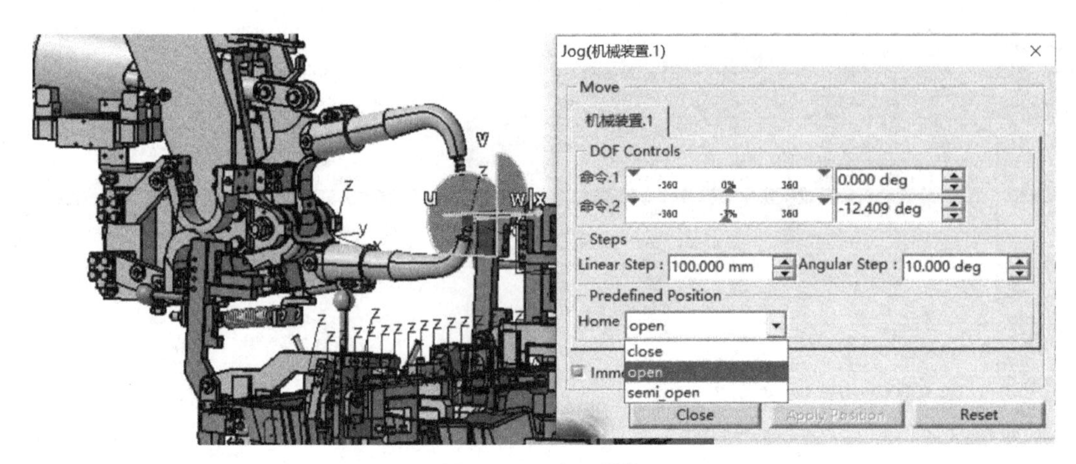

图 7-48　张开焊枪

(2) 在第一个焊接点设置焊枪动作。在"Teach"弹框内,左键双击第一个焊接点位,出现"Add a Process Operation"弹框(见图 7-49),将"SpotWeld"命令添加到右侧"Operation Members"中,并单击"Next",出现如图 7-50 所示的弹框,该弹框主要包含 3 个部分:

1)CloseGun:在"Position"下拉菜单中选择焊枪闭合(close)命令,并在"TimeValue"中设置闭合所需时间。

2)WeldTime:设置焊接持续时间。

3)OpenGun:在"Position"下拉菜单中选择焊枪半开(semi_open)命令,并在"TimeValue"中设置闭合所需时间。

点击"Finish",完成第一个焊接点焊枪动作设置,如图 7-50 所示。

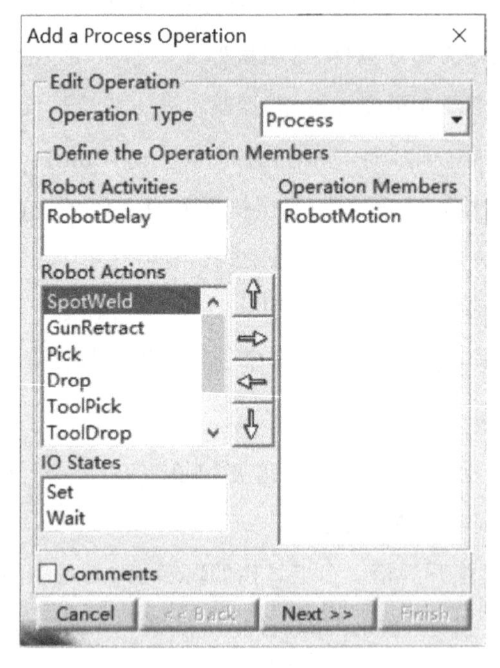

图 7-49　添加焊接动作

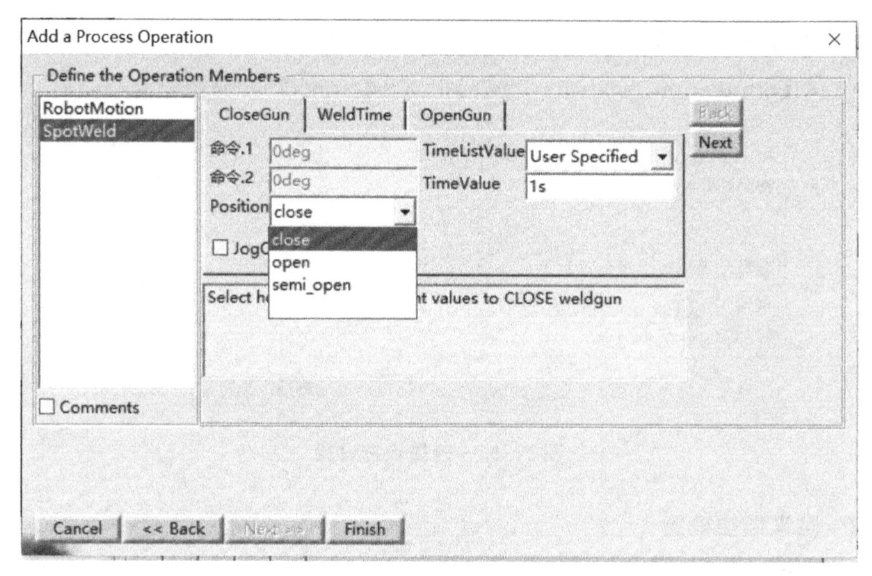

图 7-50　设置焊接动作

(3) 设置其他焊接点的焊接动作。在完成第一个焊接点位焊枪动作设置后,可以重复上述操作,对每个焊接点位进行设置,也可以通过格式刷命令进行设置,在工具栏的【Sequence】中点击【Dresses Operations】,出现“Dresses Operations”弹框,首先,在机器人模型树的“Program”中选择参考动作(本例中为 Operation.7),其次,在模型树上选择需要被刷新的动作,如图 7-51 所示,最后,点击“确定”完成设置。

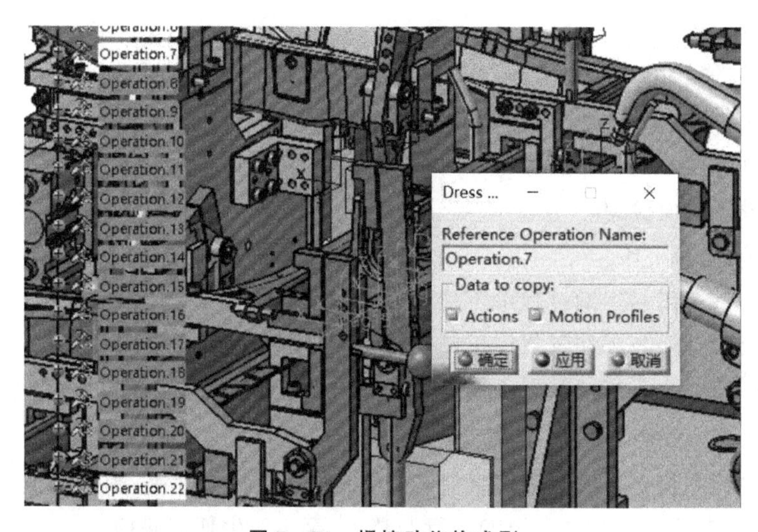

图 7-51　焊接动作格式刷

7.3.3　机器人运动干涉检测

机器人焊接系统包含大量设备资源,机器人、焊枪在运动过程中有可能与产品、工装等其他设备发生碰撞,在实际生产过程中,上述碰撞将产生严重的安全事故,是生产过程中需要避免的,因此,需要在仿真中对可能发生的碰撞进行分析,从而调整机器人运动姿态。

7.3.3.1 碰撞检查设置

在工具栏的【Simulation Analysis Tools】中点击【Crash】，出现如图 7－52 所示的“检查碰撞”弹框。

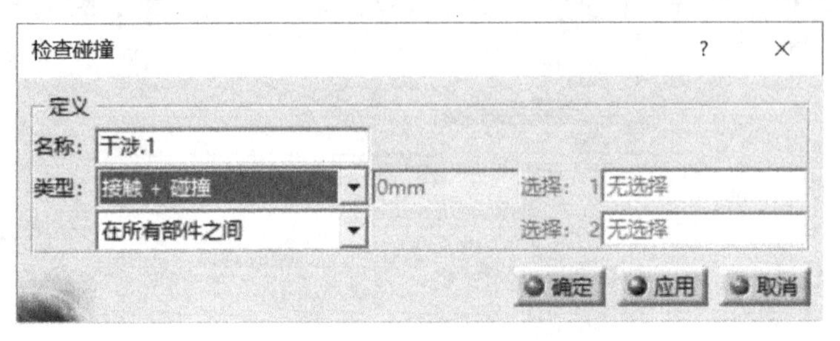

图 7－52 碰撞检查设置

7.3.3.2 定义碰撞检查

(1)对碰撞检查命名。

(2)设置碰撞检查“类型”，在下拉菜单中选择：

1)接触＋碰撞：当两者之间发生接触或碰撞，认为两者碰撞。

2)间隙＋接触＋碰撞：给予一个安全间隙，当两者之间间距小于间隙，或发生接触及碰撞，认为两者发生碰撞，能够进一步提升安全系数。

3)已授权的贯通：预设两者间可以发生贯通。

(3)设置碰撞检查对象：

1)一个选择之内。

2)选择之外的全部。

3)在所有部件之间。

4)两个选择之间。

7.3.3.3 设置碰撞检测

在工具栏的【Simulation Analysis Tools】中点击【碰撞检测】下方小三角，选择：

(1)碰撞检测(关闭)：运动过程中不检测碰撞。

(2)碰撞检测(开启)：运动过程中检测碰撞。

(3)碰撞检测(停止)：运动过程中检测碰撞，并且在发生碰撞后停止机器人运动。

7.3.3.4 机器人姿态调整

在通过碰撞检测找到相应碰撞位置后，需要综合使用调整过渡点/工艺点位置、增加过渡点、调整工艺点姿态等方法对仿真模型进行调整，直至不发生任何碰撞。

7.4 其他基于机器人的装配过程仿真

机器人能够完成大量复杂的装配操作，在上一节的基础上，本节对机器人外部轴建立、机器人搬运、机器人弧焊/涂胶、多机器人运动等其他装配仿真过程进行分析。

7.4.1　机器人外部轴建立

机器人具有一定的运动范围，当加工对象超出运动范围时，需要在机器人下方建立外部轴，以拓展其运动空间。机器人外部轴一般为一个导轨或 AGV 小车，其主要仿真过程如下。

7.4.1.1　插入焊接系统模型和外部轴模型

新建一个"Process"工作，插入与 7.3 节相同的机器人、汽车侧门产品、工装、焊枪，建立相应父子级关系、添加工具，在此基础上插入外部轴模型，在工具栏的【Activity Management】中点击【Catalog Browser】，插入"KL1500_2"(见图 7 - 53)，通过 7.2.2.1 节和 7.2.2.2 节中的【侧对齐】和【Snap】命令将机器人放置在外部轴平台上，如图 7 - 54 所示。

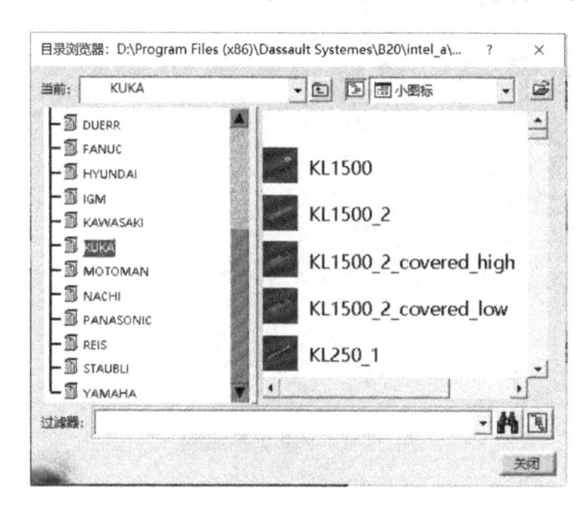

图 7 - 53　插入外部轴

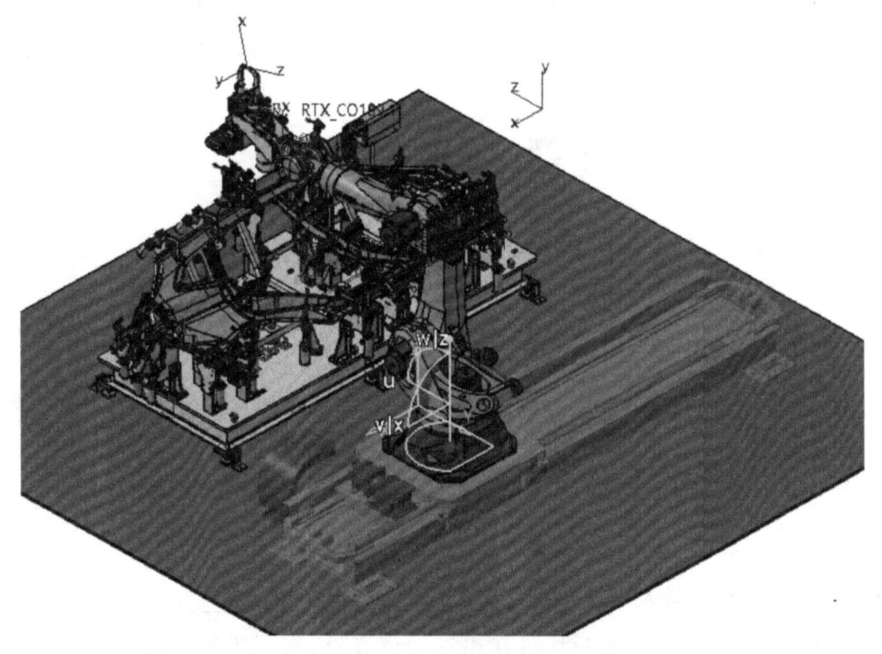

图 7 - 54　外部轴布局

7.4.1.2 定义机器人外部轴

通过【附加】命令建立外部轴平台(非外部轴)和机器人间的父子级关系,在工具栏的【Robot Controller】中点击【Define Auxiliary devices】,出现如图 7-55 所示的“Define Auxiliary devices”弹框,在“Selected Robot”中选择机器人,在“Selected auxiliary device”中选择外部轴,在“Available types”的下拉菜单中选择“End of arm tooling”,表示作为机器人的外部轴,然后点击“确定”。

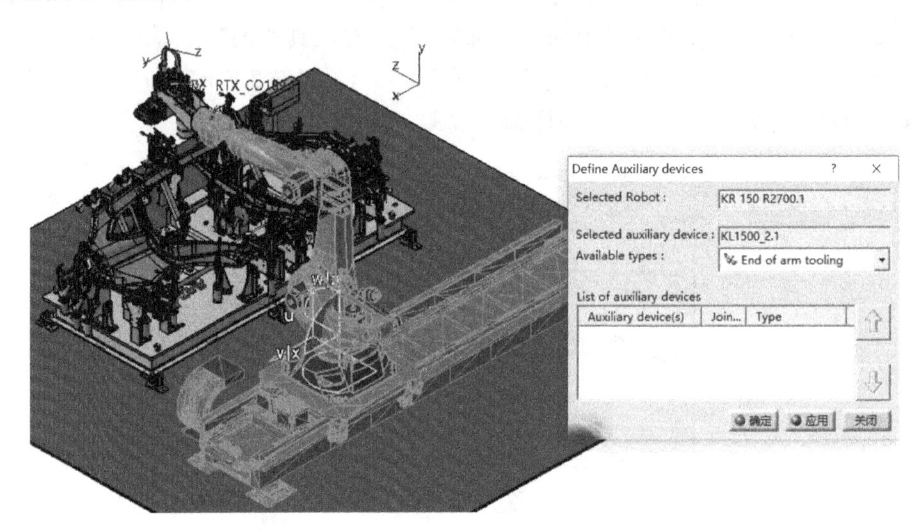

图 7-55 定义外部轴

7.4.1.3 运行机器人外部轴

完成机器人外部轴定义后,机器人模型树“Controller”后出现“Auxiliary Devices”,在点击【Jog】后,机器人“Jog”弹框中多了一列“KL1500_2.1(Aux)”,通过移动光标,可以实现机器人随外部轴运动,如图 7-56 所示。

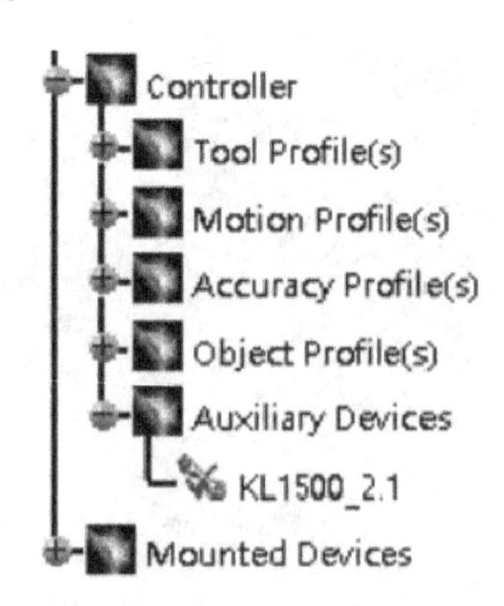

图 7-56 机器人模型树上的辅助设备

7.4.1.4 带外部轴机器人示教

添加外部轴后,可以通过 7.3.1 节的方式添加过渡点,实现带外部轴机器人的示教,如图 7-57所示。

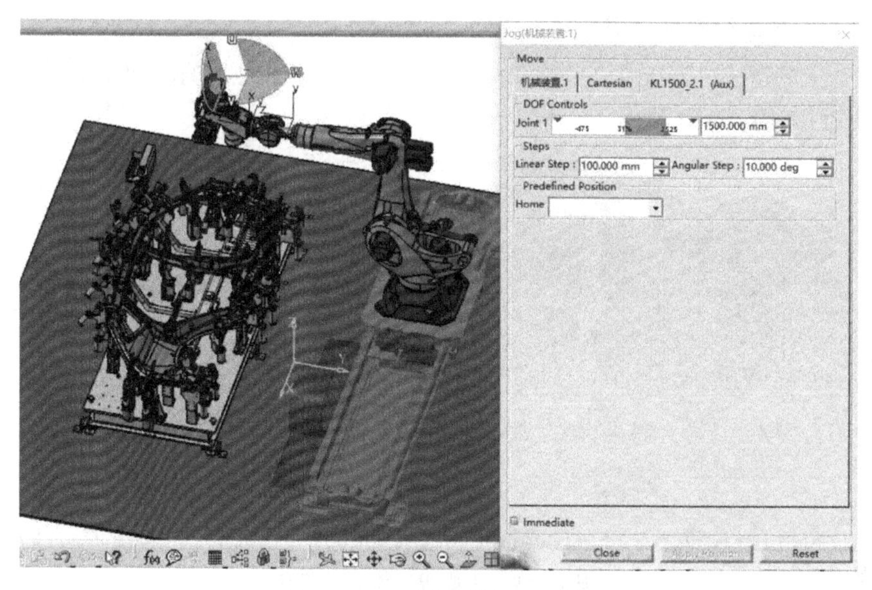

图 7－57　Jog 带外部轴的机器人

7.4.2　基于机器人的搬运仿真

搬运操作是机器人在工业生产中最常用的功能，被广泛应用于机床上下料、冲压机自动化生产线、自动装配流水线、码垛搬运、集装箱等。本例中以汽车后门白车身搬运为对象构建其仿真模型。

7.4.2.1　插入机器人、搬运夹具、搬运对象等产品

新建一个“Process”工作，插入底板、机器人、搬运夹具和汽车后门产品，建立机器人与搬运夹具间的父子级关系，并对模型布局进行调整(见图 7－58)。为简化建模，未建立汽车后门产品放置工装。

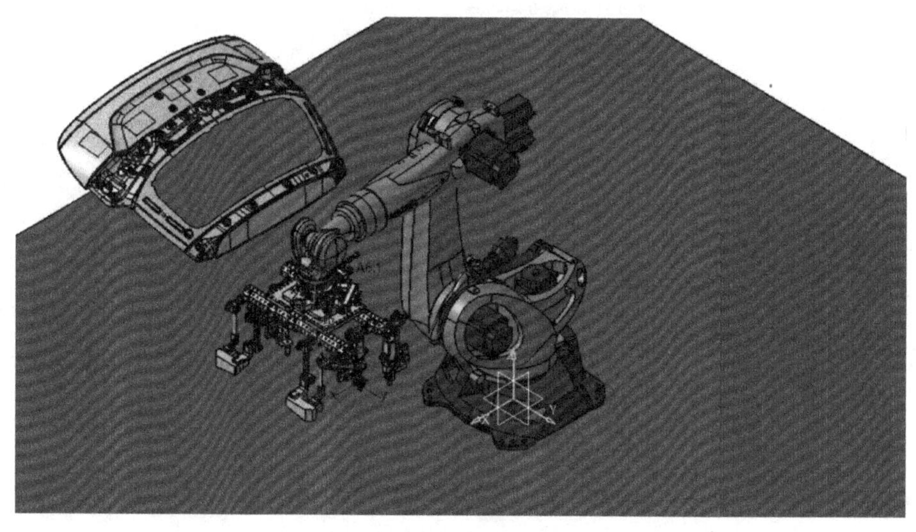

图 7－58　机器人搬运系统初始位置

7.4.2.2 末端执行器移动到抓取位置

参照 7.3.1 节建立机器人任务，在“Teach”内建立多个过渡点，直至机器人光顺地运动到汽车后门附近，如图 7-59 所示。

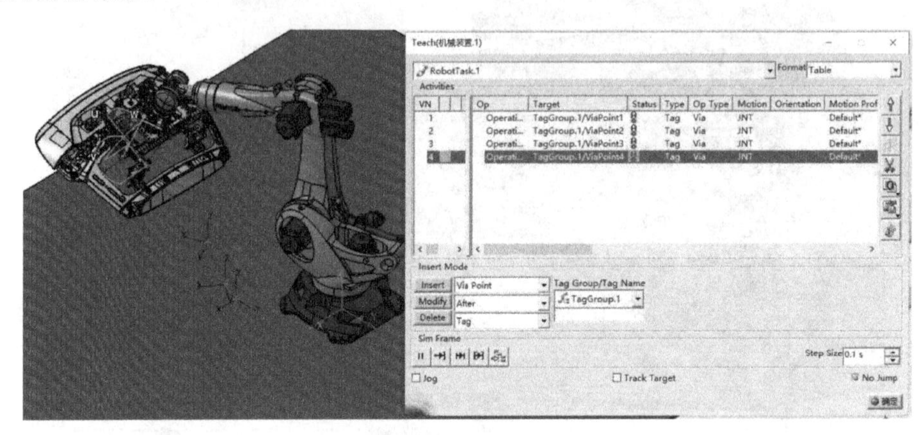

图 7-59 生成搬运前的过渡点

7.4.2.3 末端执行器抓取汽车后门产品

调整机器人姿态，使末端执行器运动到抓取位置，在“Teach”内插入工艺点，并双击工艺点所在行，出现“Add a Process Operation”弹框，插入“Pick”命令，如图 7-60 所示，点击“Next”，如图 7-61 所示，在出现的弹框中选择“Pick”，并设置相关参数：

(1)CloseGripper：其中“Position”用于定义搬运夹具运动(需在搬运末端执行器运动建模时定义打开、关闭等状态)，“TimeValue”用于定义搬运夹具闭合动作持续时间。

(2)PickPart：用于定义抓取装置和被抓取结构，其中“Part used to perform grab”是在模型树上选择末端执行器，“Part(s) to grab”是在模型树上选择汽车后门产品，然后单击“Finish”。

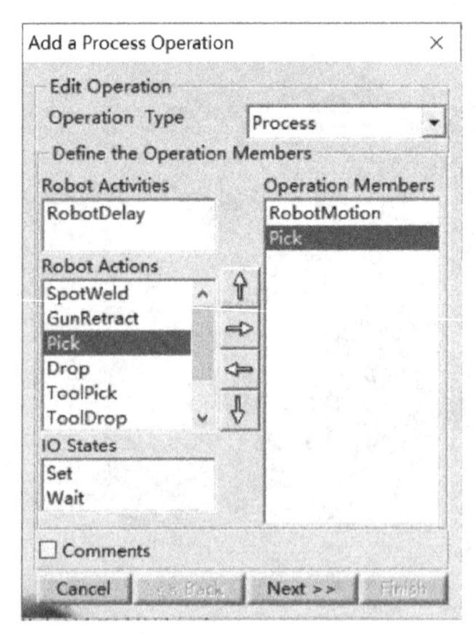

图 7-60 插入“Pick”命令

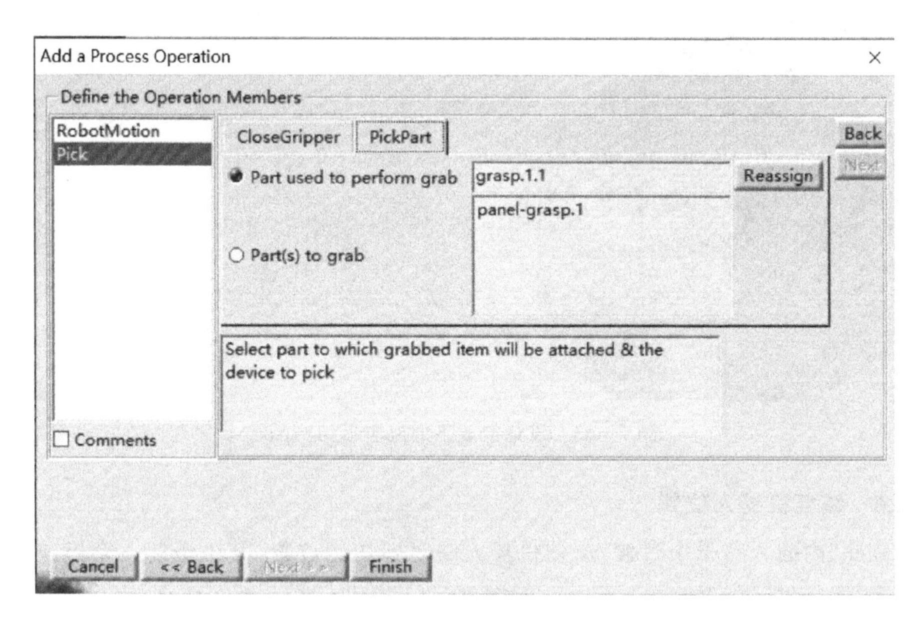

图 7 - 61　设置抓取末端执行器和被抓取的产品

7.4.2.4　移动汽车后门产品到指定位置

在"Teach"内插入多个过渡点，使机器人抓取后门并光顺地移动到另一侧，如图 7 - 62 所示。

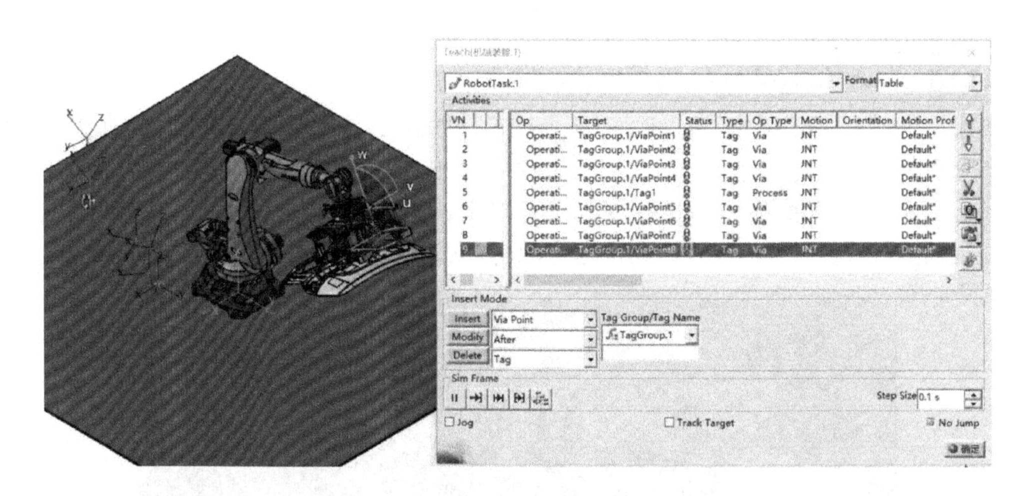

图 7 - 62　将汽车后门产品搬运到另一侧

7.4.2.5　放下汽车后门产品

在"Teach"内插入一个工艺点，并双击工艺点所在行，出现"Add a Process Operation"弹框，插入"Drop"命令，点击"Next"，进行"Drop"动作中被放下的汽车后门产品，然后单击"Finish"，如图 7 - 63 所示。

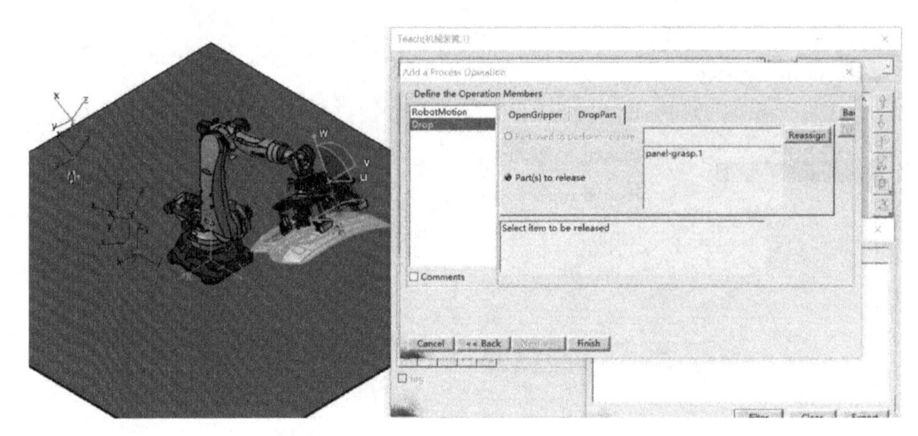

图 7-63　设置被放下的汽车后门产品

7.4.2.6　恢复机器人位置

在“Teach”内插入若干个过渡点，使机器人恢复到初始位置，其中最后一个过渡点可以通过复制/粘贴第一个过渡点的形式插入，单击“确定”，完成机器人搬运仿真。

7.4.3　基于机器人的弧焊仿真

在 7.3 节和本节前几部分介绍了机器人点焊、搬运等仿真建模，其相似点在于，在上述仿真中，机器人均以点位形式运动，如焊接点、搬运点。然而，在实际生产中，还需要机器人以一定轨迹进行运动，如机器人弧焊、机器人铣边等操作。本小节以机器人弧焊为例，开展运动仿真建模。

7.4.3.1　导入地面、机器人、弧焊枪、焊接产品

新建一个“Process”工作，插入地面、弧焊枪，通过机器人数据库插入 KR16K 机器人，建立长宽高分别为 1 000mm×300 mm×300 mm 的立方体，充当被焊接产品，要求其文件格式须为 product 形式(非压缩格式，如 cgr、stp 等)，定义弧焊枪、机器人父子级关系，并进行如图 7-64所示的布局，在弧焊产品模型树下建立“TagGroup”(选择“Modify Reference”模式)。

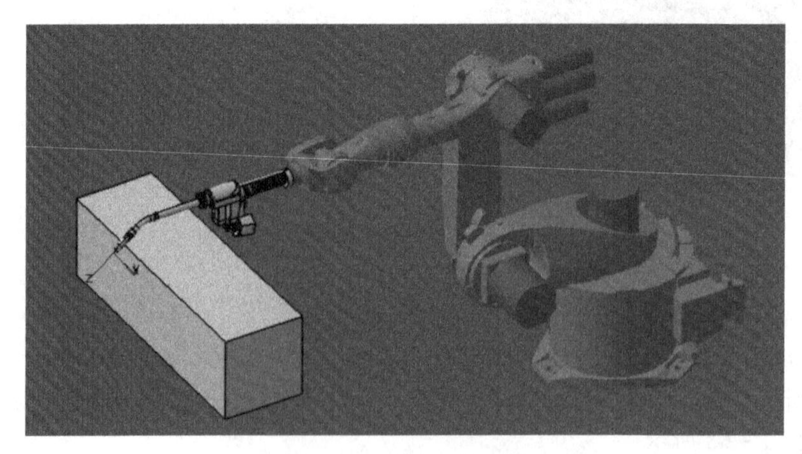

图 7-64　弧焊系统布局

7.4.3.2　创建弧焊点

在菜单栏中点击【开始】→【详细资源信息】→【Arc Welding】，在模型树的被焊接产品上右键单击“PPR Representations”→“Design Mode”，在工具栏的【Tag】中选择【Create Arc Tags on curves】，出现“Create Arc Tags on curves”弹框，如图 7－65 所示。

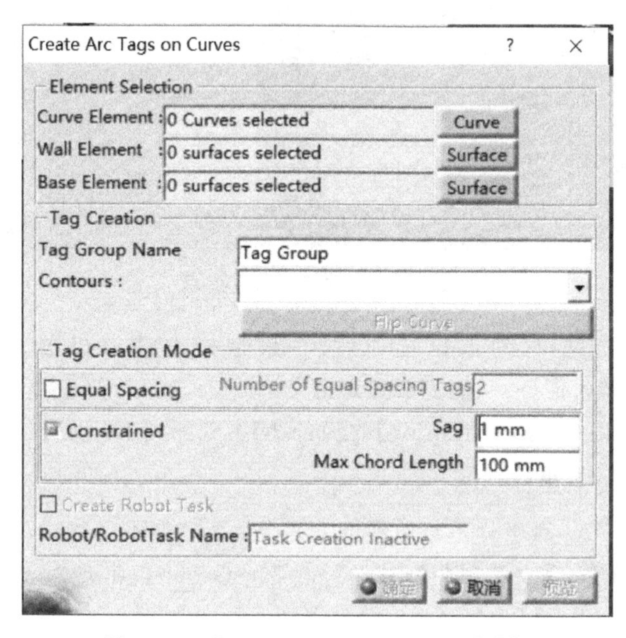

图 7－65　“Create Arc Tags on curves”弹框

(1)Curve Element：用于选择焊接曲线，具体方法是单击后面“Curve”，然后在模型上选择相应曲线，并单击如图 7－66 所示的“工具控制板”中的“完成”。

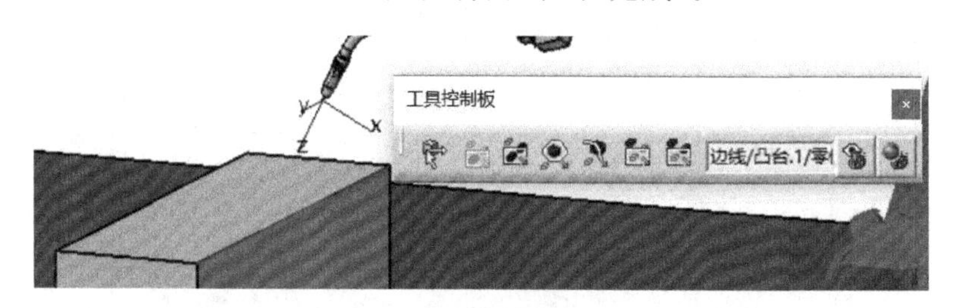

图 7－66　选择弧焊曲线

(2)Wall Element 和 Base Element：用于选择组成焊接曲线的面，与曲线选择方法类似，两者先后顺序无具体要求。

(3)Tag Group Name：用于选择弧焊 Tag 点所在的集合，单击该选项，并在模型树的弧焊产品下选择新建的“TagGroup”(否则将默认在 Process 下自动新建 TagGroup，此时生成的 Tag 点将不随弧焊产品运动而运动)。

(4)Flip Curve：用于更改弧焊方向。

(5)Equal Spacing：用于在弧焊曲线上以等距形式生成 Tag 点。

(6)Constrained：用于以一定间隔在弧焊曲线上生成 Tag 点，点击“预览”，预览弧焊曲线上生成的 Tag 点位，如图 7－67 所示。

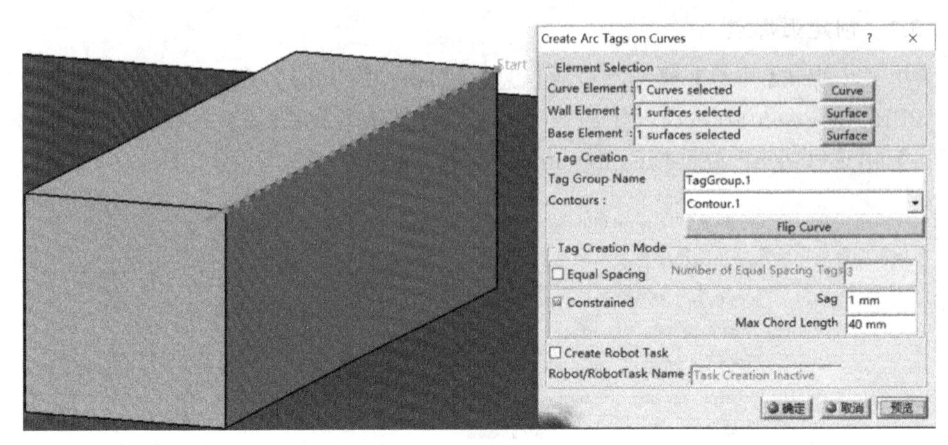

图 7－67　生成弧焊 Tag 点

(7)Create Robot Task：勾选该选项后，在模型树上选择机器人，将自动在机器人"Program"中生成机器人任务，从而完成弧焊定义。

可以切换到【Device Task Definition】的【Teach】中观测到工艺点。

7.4.3.3　调整 Tag 点坐标

当上一步生成的 Tag 点坐标系与弧焊枪工具坐标系方向不一致时，对 Tag 点坐标方向进行调整，在工具栏的【Tag】中选择【Orient Tag/Tag Group】，出现"Orient Tag"弹框，如图 7－68所示，其中：

(1)Current Tag：用于选择调整 Tag 点，可以选择整个集合，也可以选择其中某个 Tag 点。

(2)Tag Weld Angles：用于定义焊接点位角度参数。

(3)Offset：用于定义三个角度调整的偏移量。

(4)Steps：用于定义一次调整的角度量。

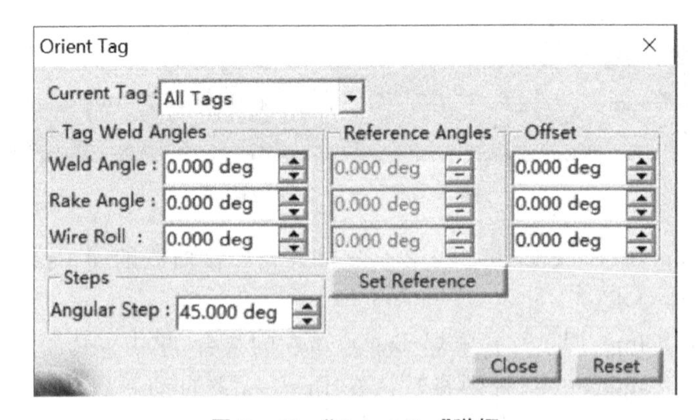

图 7－68　"Orient Tag"弹框

通过"Steps"和"Offset"调整 Tag 点坐标系到合适位置即可。

7.4.3.4　寻找机器人可达位置

机器人弧焊需要对机器人运动及其可达性有较为深刻的了解，从而确定机器人布局位置。

除此之外，还可以使用如 7.2.3 节所述的可达性分析方法，使用三维搜索功能，寻找机器人可达位置，如图 7－69 所示，在模型上点选可达位置，机器人移动到该位置，并保存初始状态。

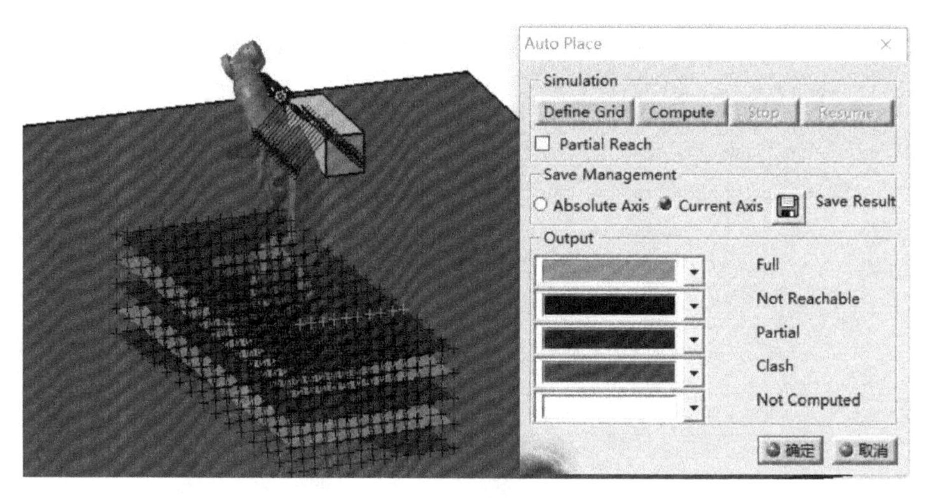

图 7－69　机器人弧焊可达性分析

7.4.3.5　优化机器人姿态

回到【Device Task Definition】模块后，使用“Teach”命令对机器人进行示教，仍显示不可达，如出现上述问题，需要对机器人姿态进行进一步优化。基于 7.3.2.1 节所述，在工具栏的【Sequence】中点击【Set TurnNumbers】，进行机器人姿态优化。

7.5　机器人仿真模型数据打包

机器人仿真系统建模过程中会应用大量不同类型文件，且不同文件可能处于电脑不同位置。如果需要在其他电脑上运行仿真模型，需要将所有文件拷贝到目标电脑上，极易造成文件管理混乱或丢失。对此，需要对整个仿真数据进行打包保存，具体方法如下：

（1）进入【DPM－Shop Order Release】模块。在菜单栏中选择【开始】→【制造的数字化处理】→【DPM－Shop Order Release】。

（2）生成打包文件。在工具栏中选择【Shop Order Commands】→【Create PackNGo Data】，通过“Pack N Go Dialog”弹框中目标位置新建打包文件夹，点击“确定”，完成数据打包。

下　篇

工业机器人装配技术的高阶应用

第 8 章　工业机器人离线编程

8.1　机器人编程系统介绍

前两章介绍了通过 DELMIA 完成机器人装配系统布局、运动仿真、干涉分析等仿真建模，上述结果能够直接用于生成机器人离线程序，从而在实际生产中指导机器人运动。

基于 7.2 节和 7.3 节的机器人点焊仿真，进行机器人离线程序生成，所生成的机器人离线程序主要为机器人运动点位的坐标值，具体步骤如下。

8.1.1　安装 JAVA

在电脑中安装 JAVA 程序，依据 DELMIA 的软件版本选择合适的 JAVA 版本。本书中选择 DELMIA V5R20 和 JAVA V1.4.2，安装路径中不能包含中文路径。

8.1.2　JAVA 设置

在菜单栏中单击【工具】→【选项】，在出现的【选项】弹窗中依次选择【资源详细信息】→【Offline Programming】，并在“Java Executable”中选择 JAVA 安装位置，如图 8－1 所示，然后点击“确定”，完成 JAVA 设置。

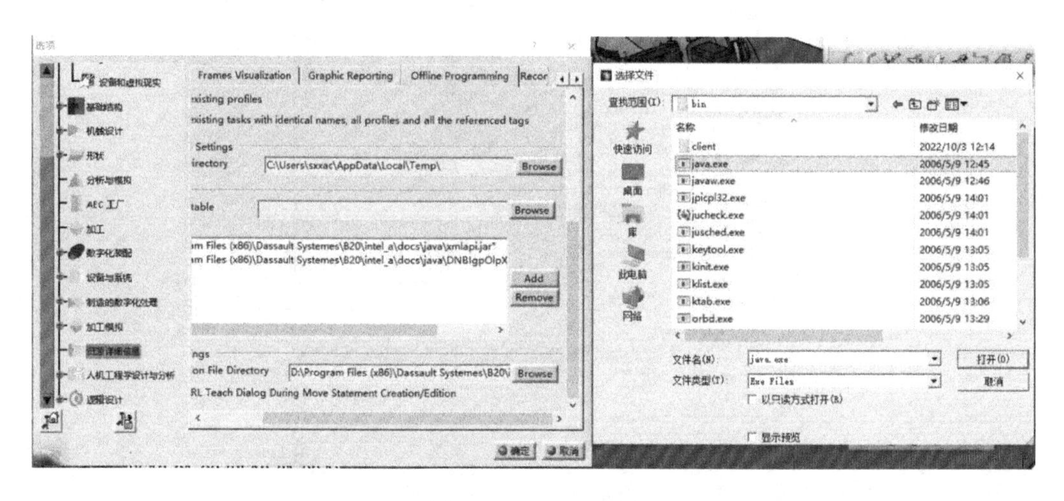

图 8－1　JAVA 设置

8.1.3 生成离线程序

在工具栏的【OLP】中单击【Creat Robot Program】，在机器人模型树的“Program”中选择需要导出的机器人任务，出现“DownLoading Options”弹框，选择默认设置，点击“确定”，如图8-2所示。

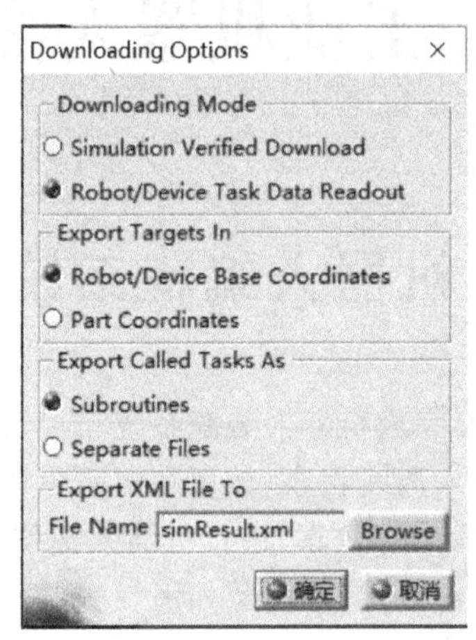

图 8-2 “DownLoading Options”弹框

8.1.4 导出机器人程序

由于各类型机器人程序格式不同，在“Download Editor”弹框中选择所用机器人的品牌，如图8-3所示，选择 Kuka 机器人程序，点击“Save”，并选择需要保存的文件位置。

图 8-3 “Download Editor”弹窗

8.2　机器人程序分析

完成上述机器人离线程序生成后，在对应文件夹中出现两个文件，如图 8－4 所示，通过记事本等打开“RobotTask1.dat”文件后，出现如图 8－5 所示的程序。

Process3.CATProcess	2022/10/1 12:50	CATIA 流程	210 KB
Process4.CATProcess	2022/10/2 10:15	CATIA 流程	156 KB
Product-car-panel.CATProduct	2022/9/29 11:48	CATIA 产品	319 KB
RobotTask1.dat	2022/10/3 12:42	DAT 文件	4 KB
RobotTask1.src	2022/10/3 12:42	SRC 文件	6 KB
RTX_CO189.CATProduct	2022/9/29 11:05	CATIA 产品	52 KB

图 8－4　离线程序文件

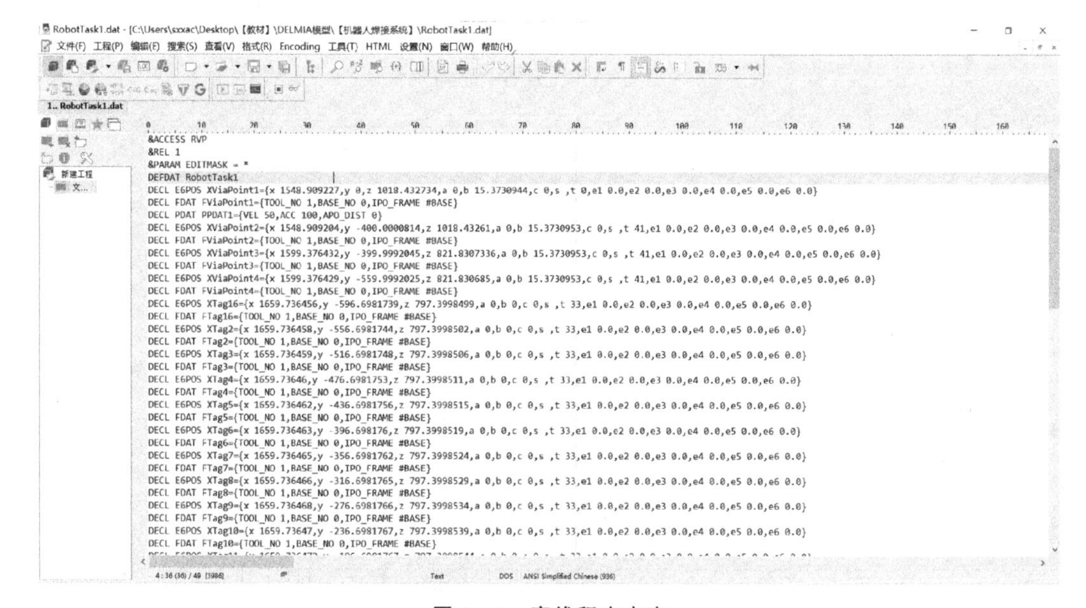

```
&ACCESS RVP
&REL 1
&PARAM EDITMASK = *
DEFDAT RobotTask1
DECL E6POS XViaPoint1={x 1548.909227,y 0,z 1018.432734,a 0,b 15.3730944,c 0,s ,t 0,e1 0.0,e2 0.0,e3 0.0,e4 0.0,e5 0.0,e6 0.0}
DECL FDAT FViaPoint1={TOOL_NO 1,BASE_NO 0,IPO_FRAME #BASE}
DECL PDAT PPDAT1={VEL 50,ACC 100,APO_DIST 0}
DECL E6POS XViaPoint2={x 1548.909204,y -400.0000814,z 1018.43261,a 0,b 15.3730953,c 0,s ,t 41,e1 0.0,e2 0.0,e3 0.0,e4 0.0,e5 0.0,e6 0.0}
DECL FDAT FViaPoint2={TOOL_NO 1,BASE_NO 0,IPO_FRAME #BASE}
DECL E6POS XViaPoint3={x 1599.376432,y -399.9992045,z 821.8307336,a 0,b 15.3730953,c 0,s ,t 41,e1 0.0,e2 0.0,e3 0.0,e4 0.0,e5 0.0,e6 0.0}
DECL FDAT FViaPoint3={TOOL_NO 1,BASE_NO 0,IPO_FRAME #BASE}
DECL E6POS XViaPoint4={x 1599.376429,y -559.9992025,z 821.830685,a 0,b 15.3730953,c 0,s ,t 41,e1 0.0,e2 0.0,e3 0.0,e4 0.0,e5 0.0,e6 0.0}
DECL FDAT FViaPoint4={TOOL_NO 1,BASE_NO 0,IPO_FRAME #BASE}
DECL E6POS XTag16={x 1659.736456,y -596.6981739,z 797.3998499,a 0,b 0,c 0,s ,t 33,e1 0.0,e2 0.0,e3 0.0,e4 0.0,e5 0.0,e6 0.0}
DECL FDAT FTag16={TOOL_NO 1,BASE_NO 0,IPO_FRAME #BASE}
DECL E6POS XTag2={x 1659.736458,y -556.6981744,z 797.3998502,a 0,b 0,c 0,s ,t 33,e1 0.0,e2 0.0,e3 0.0,e4 0.0,e5 0.0,e6 0.0}
DECL FDAT FTag2={TOOL_NO 1,BASE_NO 0,IPO_FRAME #BASE}
DECL E6POS XTag3={x 1659.736459,y -516.6981748,z 797.3998506,a 0,b 0,c 0,s ,t 33,e1 0.0,e2 0.0,e3 0.0,e4 0.0,e5 0.0,e6 0.0}
DECL FDAT FTag3={TOOL_NO 1,BASE_NO 0,IPO_FRAME #BASE}
DECL E6POS XTag4={x 1659.73646,y -476.6981753,z 797.3998511,a 0,b 0,c 0,s ,t 33,e1 0.0,e2 0.0,e3 0.0,e4 0.0,e5 0.0,e6 0.0}
DECL FDAT FTag4={TOOL_NO 1,BASE_NO 0,IPO_FRAME #BASE}
DECL E6POS XTag5={x 1659.736462,y -436.6981756,z 797.3998515,a 0,b 0,c 0,s ,t 33,e1 0.0,e2 0.0,e3 0.0,e4 0.0,e5 0.0,e6 0.0}
DECL FDAT FTag5={TOOL_NO 1,BASE_NO 0,IPO_FRAME #BASE}
DECL E6POS XTag6={x 1659.736463,y -396.698176,z 797.3998519,a 0,b 0,c 0,s ,t 33,e1 0.0,e2 0.0,e3 0.0,e4 0.0,e5 0.0,e6 0.0}
DECL FDAT FTag6={TOOL_NO 1,BASE_NO 0,IPO_FRAME #BASE}
DECL E6POS XTag7={x 1659.736465,y -356.6981762,z 797.3998524,a 0,b 0,c 0,s ,t 33,e1 0.0,e2 0.0,e3 0.0,e4 0.0,e5 0.0,e6 0.0}
DECL FDAT FTag7={TOOL_NO 1,BASE_NO 0,IPO_FRAME #BASE}
DECL E6POS XTag8={x 1659.736466,y -316.6981765,z 797.3998529,a 0,b 0,c 0,s ,t 33,e1 0.0,e2 0.0,e3 0.0,e4 0.0,e5 0.0,e6 0.0}
DECL FDAT FTag8={TOOL_NO 1,BASE_NO 0,IPO_FRAME #BASE}
DECL E6POS XTag9={x 1659.736468,y -276.6981766,z 797.3998534,a 0,b 0,c 0,s ,t 33,e1 0.0,e2 0.0,e3 0.0,e4 0.0,e5 0.0,e6 0.0}
DECL FDAT FTag9={TOOL_NO 1,BASE_NO 0,IPO_FRAME #BASE}
DECL E6POS XTag10={x 1659.73647,y -236.6981767,z 797.3998539,a 0,b 0,c 0,s ,t 33,e1 0.0,e2 0.0,e3 0.0,e4 0.0,e5 0.0,e6 0.0}
DECL FDAT FTag10={TOOL_NO 1,BASE_NO 0,IPO_FRAME #BASE}
```

图 8－5　离线程序内容

程序内容如下：

（1）前置部分：

&ACCESS RVP

&REL 1

&PARAM EDITMASK ＝ *

DEFDAT RobotTask1

（2）点位信息：

DECL E6POS XViaPoint1＝{x 1548.909227，y 0，z 1018.432734，a 0，b 15.3730944，c 0，s ，t 0，e1 0.0，e2 0.0，e3 0.0，e4 0.0，e5 0.0，e6 0.0}

DECL FDAT FViaPoint1＝{TOOL_NO 1，BASE_NO 0，IPO_FRAME ＃BASE}

DECL PDAT PPDAT1＝{VEL 50，ACC 100，APO_DIST 0}

其中：

1)DECL E6POS XViaPoint1 表示此点为机器人第一个过渡点。

2)x 1548.909227,y 0,z 1018.432734 表示第一个点的 x、y、z 坐标值。

3)a 0,b 15.3730944,c 0 表示第一个点的角度坐标参数。

4)DECL FDAT FViaPoint1 中内容用于定义此点对应的工具坐标系、基本坐标系编号等。

5)DECL PDAT PPDAT1 中的内容用于定义机器人速度、漂移等参数。

第9章　基于工业机器人的集成应用

机器人装配系统包含机器人、末端执行器、测量传感器、工装、移动小车等不同硬件及其控制系统。为实现机器人装配系统作业，需要实现上述软硬件系统的集成控制。对此，本章以C919翼盒机器人的数字化制孔系统为对象，介绍其系统组成、集成技术、工程应用，增强对机器人装配技术工程应用的了解[11]。

9.1　机器人制孔系统组成

大飞机翼盒机器人制孔系统是一种基于AGV搭载机器人的移动机翼数字化制孔系统，如图9-1所示。该系统是针对大型客机机翼翼盒壁板与骨架机械连接孔位的数字化制孔要求，利用柔性工装夹持定位翼盒工件，以AGV搭载机器人的复合方式，在iGPS引导下，实施多站位移动，分区域制孔作业。

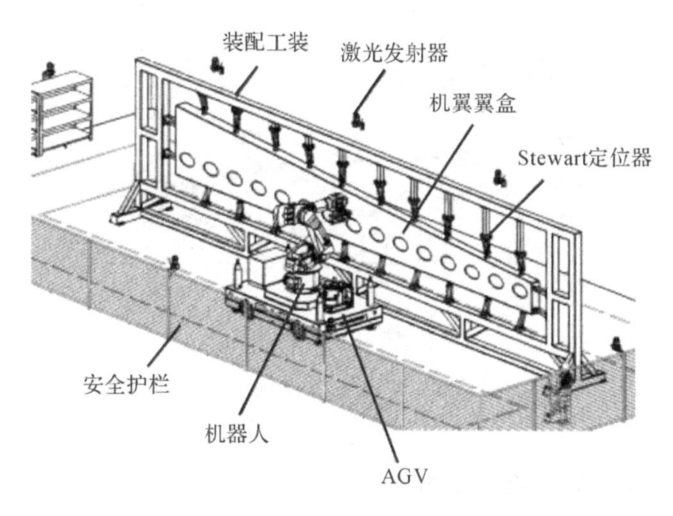

图9-1　大飞机翼盒机器人制孔系统

大飞机翼盒机器人制孔系统主要由工业机器人、制孔末端执行器、AGV以及用于导航的iGPS、集成控制台、柔性定位工装等6部分构成。

9.1.1 工业机器人

本书采用库卡 KR500L340－2 型 6 自由度机器人，制孔末端执行器通过快速装卡机构安装在机器人末端法兰上，通过机器人各关节的运动来使制孔末端执行器移动到指定孔位。

9.1.2 制孔末端执行器

末端执行器是机器人制孔系统中不可缺少的核心部件，主要由压脚、进给单元、制孔单元、制孔/插钉工位转换单元、视觉测量单元、法向测量单元、排屑装置等多个机械单元构成，如图 9－2 所示。其主要功能如下：

(1)基准孔位置测量。

(2)孔位曲面法向测量。

(3)刀具冷却。

(4)吸尘排屑。

(5)制孔、锪窝。

(6)插钉功能。

(7)制孔/插钉双工位切换。

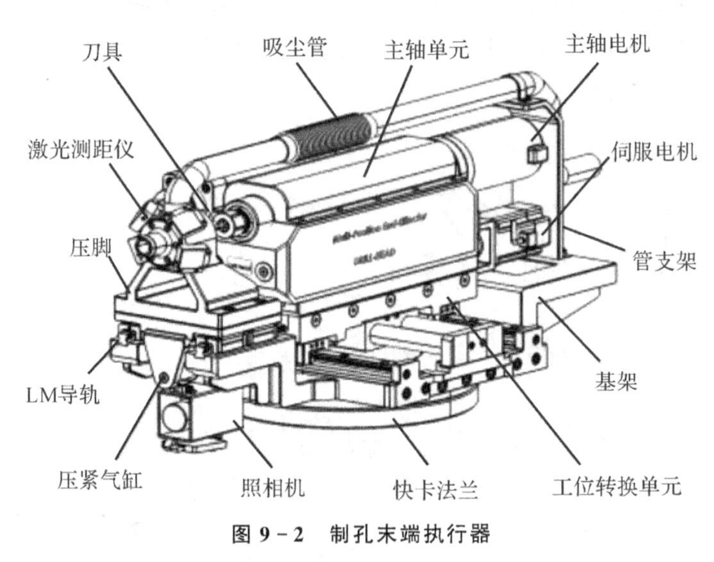

图 9－2　制孔末端执行器

9.1.3 智能移动平台 AGV

因机翼的翼展尺寸较大，机器人自身的工作空间难以覆盖整个机翼作业区，需要将作业区合理划分为若干个适合机器人制孔的作业区域。采用 AGV 作为智能移动平台为机器人的精准移动提供了理想的解决方案。AGV 具有全向移动、自主导航、自动避障、支撑定位等功能，其构成如图 9－3 所示。

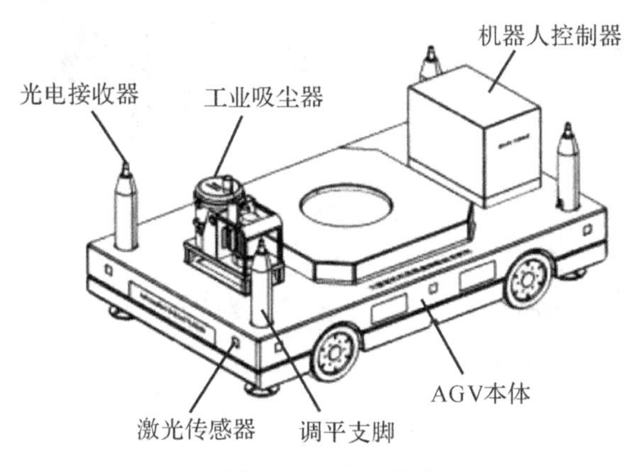

图9-3 AGV平台

9.1.4 iGPS导航系统

iGPS(indoor GPS)也称为室内GPS,由硬件和软件两部分构成,是一种新兴的光电扫描测量系统,对移动的目标(如AGV等)进行位姿测量。

9.1.5 柔性定位工装

柔性定位工装由装配桁架和多个定位器组成,是以机翼蒙皮外表面为基准的定位夹具,能够对组成机翼的肋、梁和壁板等零件进行定位夹持,可满足不同尺寸、不同交点的翼盒类产品夹持定位。

9.2 机器人制孔系统集成

机翼翼盒机器人制孔系统的电控是由机器人控制系统、末端执行器控制系统、AGV控制系统、光电扫描测量系统等4部分集成而成,集成控制系统构成情况如图9-4所示。

集成控制台通过通信接口和以太网与各子系统进行数据通信,由集成控制软件来统一调度、指挥,实现机器人的自动化制孔作业;机器人制孔末端执行器的各执行元件集成于控制台,控制台可实时获得末端执行器上各单元的运动状态,并发出对各执行元件的运动控制指令;视觉测量系统对制孔位置进行照相测量并实时图像处理,将处理数据传输给控制台,实现基于视觉的反馈控制;机器人由控制器控制,与集成控制台之间通信,集成控制台获取机器人的位姿信息,并将机器人的操作及运动指令下发给机器人控制器。

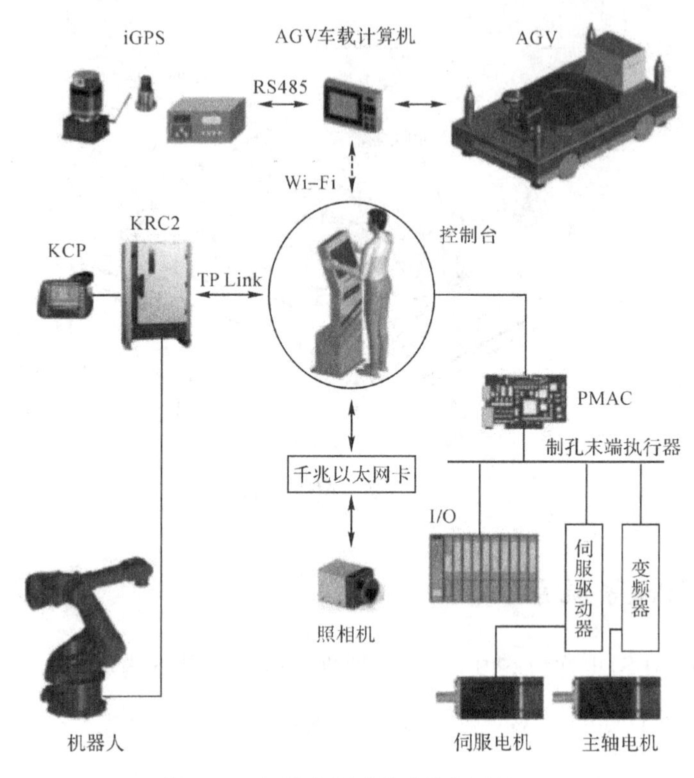

图 9-4　机器人制孔集成控制系统

机器人制孔系统集成控制软件，由机器人控制模块、末端执行器控制模块、制孔程序处理模块、计算机视觉模块、法向测量模块和管理模块等组成，其软件架构如图 9-5 所示。

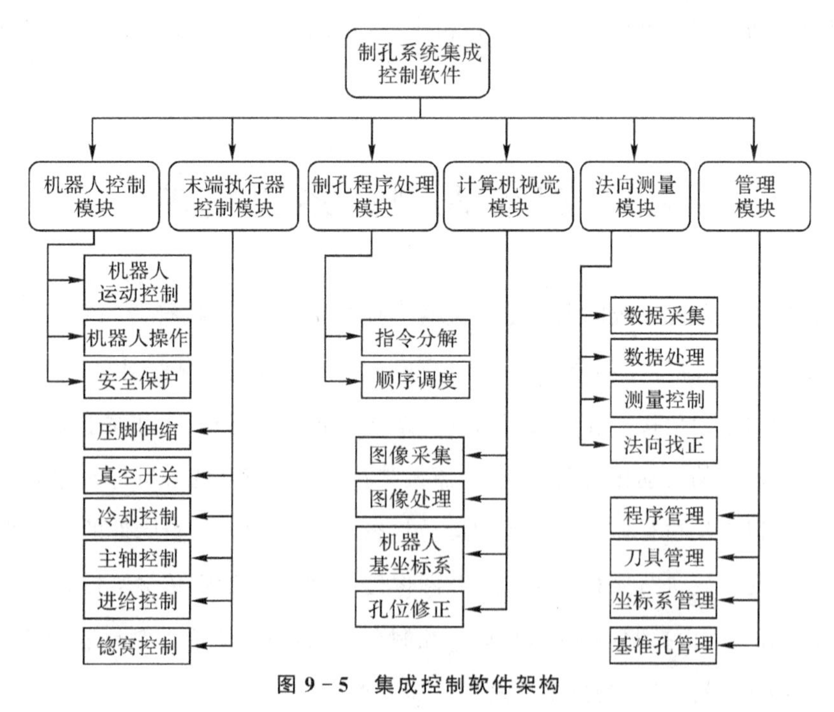

图 9-5　集成控制软件架构

9.3　工程应用

基于上述系统对 C919 翼盒验证件上、下壁板进行了连续多站位机器人制孔，完成了2 000余孔的制孔和锪窝工作，如图 9-6 所示。验证试验中，机器人制孔系统对翼盒验证件的上、下壁板进行孔径为 ϕ6.35 mm 的制孔及锪窝。

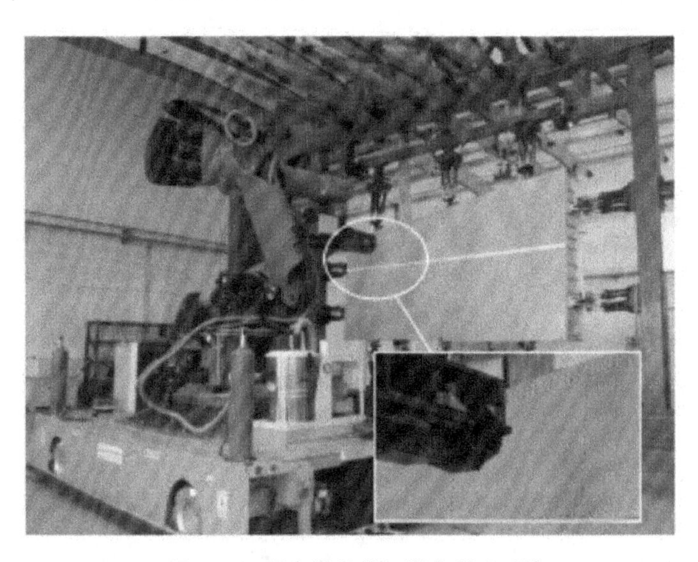

图 9-6　翼盒模拟件机器人制孔系统

制孔完成后，对孔位置精度、孔几何精度进行检测，检测结果见表 9-1。测量结果证明，翼盒机器人制孔系统较人工制孔大大提高了制孔质量和效率，能满足大飞机机翼装配自动制孔需求，制孔精度、制孔效率满足设计要求。

表 9-1　机器人制孔精度测量结果

序　号	检测项目	实测值	备　注
1	孔定位精度/mm	≤±0.25	行列精度
2	孔径精度/mm	≤0.035	—
3	孔垂直度/(°)	90±0.25	—
4	孔壁粗糙度/μm	≤Ra1.6	40#油雾
5	锪窝深度/mm	≤0.05	—
6	制孔效率/(个 · min^{-1})	3	平均统计
7	AGV 定位精度/mm	2	站位行走

参考文献

[1] 赵杰. 我国工业机器人发展现状与面临的挑战[J]. 航空制造技术,2012(12):26-29.

[2] 骆敏舟,方健,赵江海. 工业机器人的技术发展及其应用[J]. 机械制造与自动化,2015,44(1):1-4.

[3] 黄兴,何文杰,符远翔.工业机器人精密减速器综述[J]. 机床与液压,2015,43(13):1-6.

[4] 汤少敏,刘桂雄,林志宇,等. 工业机器人伺服系统测试技术发展与趋势[J]. 中国测试,2019,45(8):1-7.

[5] 丰飞,杨海涛,唐丽娜,等. 大尺度构件重载高精加工机器人本体设计与性能提升关键技术[J].中国机械工程,2021,32(19):2269-2287.

[6] 富威,郑志军,龚军军,等. 基于虚拟装配技术的船舶制造现场可视化[J]. 应用科技,2020,47(5):6-12.

[7] 徐张桓,许瑛,张悦,等. 基于 DELMIA 的航空发动机虚拟装配技术研究[J].制造技术与机床,2022(2):94-98.

[8] 赵安安,张程,郭峰,等. 基于 DELMIA 的机器人制孔离线编程系统开发[J]. 计算机应用,2020,40(增刊 2):112-116.

[9] 韩磊,付建林,李冉,等. 面向人机工程的转向架虚拟装配技术研究[J]. 组合机床与自动化加工技术,2019(8):126-129.

[10] 李磊,刘菁茹,潘福禄. 白车身零部件柔性化焊接技术的研究[J]. 汽车工艺与材料,2022(3):1-5.

[11] 张云志,蒋倩. 大飞机翼盒机器人制孔系统集成技术研究[J]. 航空制造技术,2018,61(7):16-23.